装配式建筑建造系列教材

装配式建筑装饰材料与应用

主　编：何春柳　张勇一
副主编：钟　元　罗雅敏　杜异卉
参　编：雷　雨　夏洪波　刘　璐
　　　　崔艳清　田冠勇
主　审：范幸义

西南交通大学出版社
·成　都·

图书在版编目（CIP）数据

装配式建筑装饰材料与应用 / 何春柳，张勇一主编. 一成都：西南交通大学出版社，2019.9
装配式建筑建造系列教材
ISBN 978-7-5643-7151-7

Ⅰ. ①装… Ⅱ. ①何… ②张… Ⅲ. ①装配式构件－建筑材料－装饰材料－高等学校－教材 Ⅳ. ①TU56

中国版本图书馆 CIP 数据核字（2019）第 203386 号

装配式建筑建造系列教材

Zhuangpeishi Jianzhu Zhuangshi Cailao yu Yingyong

装配式建筑装饰材料与应用

主　编／何春柳　张勇一	责任编辑／杨　勇
	封面设计／吴　兵

西南交通大学出版社出版发行
（四川省成都市金牛区二环路北一段 111 号西南交通大学创新大厦 21 楼　610031）
发行部电话：028-87600564　028-87600533
网址：http://www.xnjdcbs.com
印刷：成都中永印务有限责任公司

成品尺寸　185 mm×260 mm
印张　11　　字数　273 千
版次　2019 年 9 月第 1 版　　印次　2019 年 9 月第 1 次

书号　ISBN 978-7-5643-7151-7
定价　35.00 元

课件咨询电话：028-81435775
图书如有印装质量问题　本社负责退换
版权所有　盗版必究　举报电话：028-87600562

前　言

装配式建筑是装配式结构与装配式装修的结合。装配式装修意味着新设计、新建材、新的施工工艺、新的装修概念和新的生产方式，是适合我国住宅产业化和绿色建筑发展要求的一种新型装修生产方式。

对于高职高专及应用型本科人才来说，除了要掌握装配式装修的材料较传统装饰材料的进步之处外，还要对适应未来需求的新型装饰材料进行更加系统的归纳。结合人才培养方案总体规划以及国家关于装饰装修行业的最新规范要求，我们对"建筑装饰材料"这门课进行了剖析和改革，结合装配式装修流程，按照装配式装修整体解决方案所包括的八大系统——集成卫浴系统、集成厨房系统、集成地面系统、集成墙面系统、集成吊顶系统、生态门窗系统、快装给水系统及薄法排水系统的主线，对每个系统中涉及的建筑装饰材料进行系统梳理，以节约、智能、环保、低碳和绿色装修作为最高目标，为充分迎接装配式装修时代的到来做好行业人才和技术的储备工作，打下坚实理论基础。本教材计划 48 学时，其中讲授 32 学时、实训 16 学时，可作为职业教育高校学生的教材，同时也为装配式建筑装饰工程技术人员提供较全面的参考。

本教材的第 1、2、3 章由重庆房地产职业学院建设工程系的何春柳教师编写，第 4、5 章由重庆房地产职业学院张勇一教师编写，第 6 章由重庆房地产职业学院建设工程系的罗雅敏教师编写，第 7 章由重庆房地产职业学院研发与设计系杜异卉教师编写，第 8 章由重庆房地产职业学院建设工程系的钟元教师编写，第 9 章由重庆房地产职业学院建设工程系的雷雨和夏洪波教师编写，第 10 章由重庆房地产职业学院建设工程系的刘璐和崔艳清教师编写。全书由何春柳统稿，由和能人居集团田冠勇总经理提供行业技术指导，由重庆房地产职业学院范幸义教授主审。

在本书编写过程中，编者听取和采纳了和能人居科技集团以及阳地钢装配式建筑设计研究院有限公司的专家及设计师们的意见，在此，谨向他们表示衷心的感谢！由于作者的水平有限，书中的疏漏在所难免，敬请读者谅解。

编　者

2019 年 4 月

目 录

1 绪 论 ·· 1
   1.1 装配式建筑装饰材料基本知识 ·· 1
   1.2 装饰材料的基本性质 ··· 4

2 装配式建筑装饰墙体材料 ·· 14
   2.1 墙体骨架材料 ·· 14
   2.2 墙体基层材料 ·· 15
   2.3 墙体填充材料 ·· 21
   2.4 其他墙体材料 ·· 23
   2.5 隔墙面层材料 ·· 24

3 隐蔽系统工程 ··· 26
   3.1 地面防水系统 ·· 26
   3.2 地暖系统 ··· 28
   3.3 空气置换系统 ·· 32
   3.4 快装给水系统 ·· 35
   3.5 薄法同层排水系统 ·· 37
   3.6 其他装饰基础材料 ·· 38

4 地面、墙面及顶棚装饰材料 ··· 45
   4.1 墙地面装饰系统常用材料 ·· 45
   4.2 顶棚装饰材料 ·· 105

5 门窗系统 ·· 114
   5.1 门 ·· 114
   5.2 窗 ·· 118
   5.3 门窗五金材料 ·· 121

6 集成厨房系统 ... 127
6.1 厨房柜体材料 ... 127
6.2 橱柜门板材料 ... 129
6.3 厨房台面材料 ... 133
6.4 厨房设备 ... 136
6.5 厨房的集成 ... 136

7 集成卫浴系统 ... 138
7.1 卫浴墙体材料 ... 138
7.2 卫浴地面材料 ... 140
7.3 卫浴顶棚材料 ... 141
7.4 洁具 ... 142
7.5 卫浴集成 ... 149

8 楼梯、电梯装饰 ... 151
8.1 楼梯装饰 ... 151
8.2 电梯装饰 ... 154

9 灯具、家具材料 ... 156
9.1 灯具 ... 156
9.2 家具 ... 159

10 装配式装饰材料实训 ... 165
10.1 装配式墙体材料实训 ... 165
10.2 装配式隐蔽工程实训 ... 165
10.3 装配式墙地面、顶棚装饰材料实训 ... 166
10.4 装配式门窗系统实训 ... 166
10.5 集成厨房系统实训 ... 167
10.6 集成卫浴系统实训 ... 167

参考文献 ... 169

1 绪 论

1.1 装配式建筑装饰材料基本知识

1.1.1 装配式建筑装饰材料的定义和作用

建筑装饰材料一般是指土建工程完成之后，对建筑物的室内空间和室外环境进行功能和美化处理而形成不同装饰效果所需用的材料。装配式建筑装饰材料是建筑装饰材料的进一步提升。在本书中，摒弃了传统中譬如水磨石、装饰抹灰等耗时长、湿作业、人工质量参差不齐的一些装饰材料，增加了更适合于装配式建筑的新型装饰材料。

建筑装饰及其材料从古至今都是人类文明的一个象征，它与历史文化、经济水平和科学技术的发展有着密不可分的联系。我国的古代建筑装饰在世界上享有较高的声誉。故宫、颐和园、天坛等古建筑，以金碧辉煌、色彩瑰丽著称于世。黄、绿、蓝等各种色彩的琉璃瓦，熠熠闪光的金箔，富有玻璃光泽的孔雀石、银朱、石青等古代已有的建筑装饰材料的使用，创造出了一幅幅绚丽多彩的画卷。

近代，建筑师们把设计新颖、造型美观、色彩适宜的建筑物称为"凝固的音乐"。这些都生动形象地告诉人们，建筑和艺术是不可分割的。建筑艺术不单要求建筑物的功能良好、结构形体新颖大方，还要求立面丰富多彩，以满足人们不同的审美要求。建筑物的外观效果，主要取决于总的建筑体形、比例、虚实对比、线条等平面、立面的设计手法，而内外建筑装饰效果则是通过各种装饰材料的质感、线条和色彩来体现。建筑艺术性的发挥，留给人们的观感，在很大程度上受到建筑装饰材料的制约。所以说，建筑装饰材料是建筑装饰工程的物质基础。

建筑装饰材料的作用即装饰建筑物，美化室内外环境。同时，根据使用部位的不同，还应具备一定的功能性。建筑装饰材料作为建筑物的外饰面，它对建筑物起保护作用，使建筑外部结构材料避免直接受到风吹、日晒、雨淋、冰冻等大气因素的影响，以及腐蚀性气体和微生物的作用，从而使建筑物的耐久性提高，使用寿命延长。室内装饰主要指对内墙、地面、顶棚的装饰。它们同样具有保护建筑内部结构的作用，并能调节室内"小环境"。例如，内墙饰面中传统的抹灰能起到"呼吸"的作用。室内湿度高时，抹灰能吸收一定的湿气，使内墙表面不至于很快出现凝结水；室内过于干燥时，又能释放出一定的湿气，调节室内空气的相对湿度。地面装饰材料如木地板，与水泥地面相比，由于其热容量较大，可以调节室内小环境的温度，使人在冬季不会感觉很冷，在夏季不会感觉太热。顶棚装饰材料则兼有隔声和吸声的作用。室内装饰材料在装饰与功能兼备的作用下，为人们创造了舒适、美观、整洁的工作与生活环境。

建筑装饰材料带给我们美的享受的同时，也带来了很多新的问题。传统装修工程一个很大的困扰就是室内的空气污染，由于一些流程式装修中采用了大量的有害的化学胶黏剂，使得很多人在装修后不得不承受装修导致的污染。装配式装修可以在建筑装饰材料上更加环保，有利于长期维护和及时更替。对于全面提升建筑品质也具有多方面的优势，满足人民群众对建筑品质更高需求。不仅有效保证产品性能，而且没有湿作业可实现装修节能环保，施工现场无噪声、无垃圾无污染，装修完毕即可入住，可谓真正意义上具有长久使用价值的"好房子"。

1.1.2 建筑装饰材料的分类

建筑装饰材料的品种繁多，为了研究、使用和介绍方便，常从两个方面对它们进行分类。一种是根据建筑装饰材料在建筑物中的使用部位，可分为外墙装饰材料、内墙装饰材料、地面装饰材料和顶棚装饰材料，见表1-1。这种分类方法便于工程技术人员选择和使用建筑装饰材料，一般的建筑装饰材料手册均按此类方法分类。另一种是按照建筑装饰材料的化学成分，可分为无机装饰材料、有机装饰材料和复合装饰材料三大类，见表1-2。

表1-1 建筑装饰材料按装饰部位分类

类别	装饰部位	常用装饰材料
外墙装饰材料	外墙、阳台、台阶、雨棚等	文化石、陶瓷制品、玻璃制品、装饰混凝土、干挂石材、外墙涂料等
内墙装饰材料	内墙墙面、墙裙、踢脚、隔墙等	内墙涂料、大理石、壁纸、墙布、人造石材、釉面砖、玻璃制品、各种人造板等
地面装饰材料	地面、楼面、楼梯等	天然石材、人造石材、陶瓷地砖、木地板、地面涂料、地毯、PVC地板等
顶棚装饰材料	室内顶棚	石膏板、纤维板、涂料、各种吸声板、装饰板等

表1-2 建筑装饰材料按化学成分分类

无机装饰材料	金属装饰材料	黑色金属：钢、不锈钢、彩色涂层钢板等	
		有色金属：铝及铝合金、铜及铜合金	
	非金属装饰材料	胶凝材料	气硬性胶凝材料：石膏、装饰石膏制品
			水硬性胶凝材料：白水泥、彩色水泥等
		装饰混凝土、装饰砂浆、白色及彩色硅酸盐制品	
		天然石材：花岗石、大理石等	
		烧结及熔融制品：陶瓷、玻璃及制品、岩棉及制品等	
有机装饰材料		植物材料：木材、竹材等	
		合成高分子材料：各种建筑塑料及其制品、涂料、胶黏剂、密封材料等	
复合装饰材料	无机材料基复合材料	装饰混凝土、装饰砂浆等	
	有机材料基复合材料	树脂基人造装饰石材、玻璃钢等	
		胶合板、竹胶板、纤维板、刨花板、麦秸板等	
	其他复合材料	塑钢复合门窗、涂塑钢板、涂塑铝合金板等	

1.1.3 建筑装饰材料的发展

建筑装饰材料的品种门类繁多、更新周期短、发展潜力大。它的发展速度的快慢、品种的多少、质量的优劣、款式的新旧、配套水平的高低影响着建筑物的装饰档次。

我国建筑装饰材料在改革开放以前的基础较差，品种少，档次低，建筑装饰工程中使用的材料主要是一些天然材料及其简单的加工制品。从20世纪80年代中期开始，随着一批引进的和自行研制的建筑装饰材料生产线的陆续投产，以对外开放门户——广州为代表的一些沿海城市的建筑装饰材料市场首先活跃起来，各种壁纸、涂料、墙地砖、灯饰等装饰材料的面市，给建筑装饰行业带来了色彩和生机。一些国外的建筑装饰材料也开始进入中国市场。由于材料品种的增加，材料性能的提高，人们对装饰材料的选择范围也变得十分宽阔。

20世纪90年代中期，在国家可持续发展的重要战略方针指引下，提出了发展绿色建材，改变我国长期以来存在的高投入、高污染、低效益的粗放式生产方式的方针。绿色建材发展方针是选择资源节约型、污染最低型、质量效益型、科技先导型的发展方式，把建材工业的发展和保护生态环境、污染治理有机地结合起来。

中共中央国务院《关于进一步加强城市规划建设管理工作的若干意见》提出，力争用10年左右时间，使装配式建筑占新建建筑的比例达到30%……住房城乡建设部有关人士透露，根据《建筑产业现代化发展纲要》的要求，到2020年，装配式建筑占新建建筑的比例20%以上，到2025年，装配式建筑占新建建筑的比例50%以上。《建筑产业现代化发展纲要》明确了未来5~10年建筑产业现代化的发展目标：到2020年，基本形成适应建筑产业现代化的市场机制和发展环境、建筑产业现代化技术体系基本成熟，形成一批达到国际先进水平的关键核心技术和成套技术，建设一批国家级、省级示范城市、产业基地、技术研发中心，培育一批龙头企业。装配式混凝土、钢结构、木结构建筑发展布局合理、规模逐步提高，新建公共建筑优先采用钢结构，鼓励农村、景区建筑发展木结构和轻钢结构。装配式建筑占新建建筑的比例20%以上，直辖市、计划单列市及省会城市30%以上，保障性安居工程采取装配式建造的比例达到40%以上，新开工全装修成品住宅面积比率30%以上。

装配式装修是将工厂生产的部品部件在现场进行组合安装的装修方式，主要包括干式工法楼（地）面、集成厨房、集成卫生间、管线与结构分离等。推进住宅全装修住宅是在房屋交付时，住宅功能空间的固定面装修和设备设施安装全部完成，达到建筑使用功能和建筑性能的基本要求后再进行销售的形式。装配式装修过程中将工厂生产的部品部件，由产业工人用干法施工的形式在现场组装。因此，装配式装修的四大特征即为：

（1）标准化设计：建筑设计与装修设计一体化模数，BIM模型协同设计；验证建筑、设备、管线与装修零冲突。

（2）工业化生产：产品统一部品化、部品统一型号规格、部品统一设计标准。

（3）装配化施工：由产业工人现场装配，通过工厂化管理规范装配动作和程序。

（4）信息化协同：部品标准化、模块化、模数化，从测量数据与工厂智造协同，现场进度与工程配送协同。

海南省住房和城乡建设厅印发《海南省商品住宅全装修管理办法（试行）》，这一办法规定，从2017年7月1日起，海南全省取得施工许可证的商品住宅工程（以下简称"住宅工程"）全部实行全装修，装修费用将纳入商品住宅总价，由此，海南或将成为我国首个全面施行商品住宅全装修的省份。为了迎接装配式装修的到来，更好的推进工业化内装的步伐，建筑装饰材料必须进行新一轮的研发，大力推广节能环保易施工的装饰材料，以适应未来建筑装修行业的变化。全装修时代对装饰设计人员在建筑装饰材料上的要求只会是比以往更加系统、更加全面。不仅要熟悉各种材料，还要能够全面对比材料之间的性能、利弊、价格等。全面推进装配式装修以及住宅全装修，对于推进建材市场规范化具有重要的意义，不规范生产的及不合格产品必将淘汰，有利于建筑装饰材料的品质提高和统一。

1.1.4 学习本课目的和方法

建筑装饰材料课程的教学目的，主要是在于配合专业课程的教学，为建筑装饰设计、室内设计及装饰施工、管理奠定良好的基础。在国家大力提倡装配式建筑并推进装配式装修的今天，需要相关专业的学生更全面的掌握装配式时代来临对建筑装饰材料的改革与创新。不仅掌握装配式建筑装饰材料的识别与选购方法，在学习时首先第一要掌握各种材料的性能与特点，其他方面的内容均应围绕这个中心进行学习；二是密切联系工程实际，灵活运用"工学结合、项目推动"的学习方法，在学习期间多参观建材展会、建材市场、装配式施工现场等；三是注意运用对比的学习方法，通过对各材料的性能特点、规格种类的对比来掌握它们的共性和特征。

1.2 装饰材料的基本性质

一种材料把它用到室内或者室外，用到客厅或者卫生间，它的保温、隔热、隔声、防水、防潮、防火、耐磨、耐擦洗、耐老化以及肌理和色彩等的效果是不同的。为了使材料在不同的部位最大限度地满足设计的不同目的要求，就必须对材料的基本性质和性能有一个基本的了解。在某种意义上说，设计就是选材、而要选好材料，就要准确认识材料的结构、体积、质量、密度、硬度、力学性能、耐老化性能以及材料其他的基本性质等。

1.2.1 物理性

1.2.1.1 材料与质量有关的性质

（一）密 度

密度是指材料在绝对密实状态下，单位体积的质量。密度（ρ）可用下式表示：

$$\rho = \frac{m}{V}$$

式中　ρ——材料的密度（g/cm^3）；

m——材料的质量（g）；

V——材料在绝对密实状态下的体积（不包括内部任何孔隙的体积）（cm^3）。

材料的密度ρ的大小取决于材料的组成与材料的内部结构。

（二）体积密度

体积密度是指材料在自然状态下，单位体积的质量（旧称容量）。体积密度（ρ_0）可用下式表示：

$$\rho_0 = \frac{m}{V_0}$$

式中　ρ_0——材料的体积密度（g/cm^3 或 kg/m^3）；

　　　m——材料的质量（g 或 kg）；

　　　V_0——材料在自然状态下的体积（包括材料内部所有开闭口孔隙的体积）（cm^3 或 m^3）。

测定材料的体积密度时，材料的质量可以是在任意含水情况，通常所指的体积密度是材料在气干状态下的，称为气干体积密度，简称体积密度。材料的体积密度除与材料的密度有关外，还与材料内部孔隙的体积有关，材料的孔隙率越大，则材料的体积密度越小。

（三）堆积密度

堆积密度是指粉状材料在堆积状态下，单位体积的质量。堆积密度（ρ_0'）可用下式表示：

$$\rho_0' = \frac{m}{V_0'}$$

式中　ρ_0'——堆积密度（g/cm^3 或 kg/m^3）；

　　　m——材料的质量（g 或 kg）；

　　　V_0'——材料的堆积体积（包括了颗粒之间的空隙）（cm^3 或 m^3）。

（四）密实度与孔隙率

密实度的指材料体积内被固体物质所充实的程度。密实度（D）可用下式计算：

$$D = \frac{V}{V_0} \times 100\% = \frac{\rho_0}{\rho} \times 100\%$$

式中　D——密实度（%）；

　　　V——材料中固体物质体积（cm^3 或 m^3）；

　　　V_0——材料体积（包括内部孔隙体积）（cm^3 或 m^3）；

　　　ρ_0——体积密度（g/cm^3 或 kg/m^3）；

　　　ρ——密度（g/cm^3 或 kg/m^3）。

孔隙率是指材料中，孔隙体积所占整个体积的比例。孔隙率（P）可用下式计算：

$$P = \frac{V_0 - V}{V_0} \times 100\% = \left(1 - \frac{\rho_0}{\rho}\right) \times 100\% = 1 - D$$

对于砂石散粒材料，可用空隙率来表示颗粒之间的紧密程度。空隙率，是指散粒材料在某堆积体积中，颗粒之间的空隙体积所占的比例。空隙率（P'）可用下式表示：

$$P' = \frac{V_0' - V_0}{V_0'} \times 100\% = \left(1 - \frac{\rho_0'}{\rho_0}\right) \times 100\%$$

一般情况下，材料内部的空隙率越大，则材料的体积密度、强度越小，耐磨性、抗冻性、抗渗性、耐腐蚀性、耐水性及耐久性越差，而保温性、吸声性、吸水性与吸湿性越强。上述性质不仅与材料的孔隙率大小有关,还与孔隙特征(如开口孔隙、闭口孔隙、球形孔隙等)有关。几种常用建筑装饰材料的密度、体积密度见表1-3。

表1-3 几种常用建筑材料的密度、体积密度

材料名称	密度/(g/cm³)	体积密度/(kg/m³)
花岗石	2.6~2.9	2 500~2 800
碎石	2.6	2 000~2 600
普通混凝土	2.6	2 200~2 500
烧结普通砖	2.5~2.8	1 600~1 800
松木	1.55	380~700
钢材	7.85	7 850
石膏板	2.60~2.75	800~1 800

1.2.1.2 材料与水有关的性质

(一)亲水与憎水性

当材料与水接触时,有些材料能被水润湿;有些材料,则不能被水润湿。前者称材料具有亲水性,后者称材料具有憎水性。

材料被水湿润的情况,可用润湿边角θ表示。当材料与水接触时,在材料、水、空气三相的交点处,沿水滴表面的切线和水接触成的夹角θ,称为润湿边角,如图1-1所示。θ角越小,表示材料越易被水润湿。一般认为,当润湿边角$\theta \leq 90°$时,如图1-1(a)所示,水分子之间的内聚力小于水分子与材料分子之间的互相吸引力,此种材料称为亲水性材料。当$\theta > 90°$时,如图1-1(b)所示,水分子之间的内聚力大于水分子与材料分子之间的吸引力,则材料表面不会被水浸润,此种材料称为憎水性材料。当$\theta = 0$时,表明材料完全被水润湿。

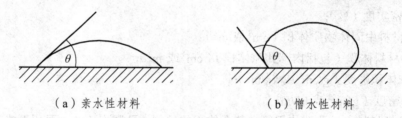

(a)亲水性材料　　　　　　　(b)憎水性材料

图1-1 材料润湿示意图

(二)吸水性

吸水性是材料在水中吸收水分的性质。吸水性的大小,以吸水率表示。吸水率(W)由下式计算:

$$W = \frac{m_1 - m}{m} \times 100\%$$

式中　W——材料的质量吸水率(%);
　　　m——材料在干燥状态下的质量(g);
　　　m_1——材料在吸水饱和状态下质量(g)。

在多数情况下,吸水率是按质量计算的,即质量吸水率;但是,也有按体积计算的,即

体积吸水率（吸入水的体积占材料自然状态下体积的百分数）。多孔材料的吸水率一般用体积吸水率来表示。

体积密度小的材料，吸水性大。如木材的质量吸水率可大于100%，普通黏土砖的吸水率为8%~20%。吸水性大小与材料本身的性质、孔隙率大小及孔隙特征等有关。

（三）吸湿性

材料在潮湿空气中吸收水分的性质，称为吸湿性。吸湿性的大小用含水率表示。含水率就是用材料所含水的质量与材料干燥时质量的百分比来表示。材料吸湿或干燥空气湿度相平衡的含水率称为平衡含水率。材料在正常使用状态下，均处于平衡含水状态。

材料的吸湿性主要与材料的组成、孔隙含量，特别是毛细孔的特征有关，还与周围环境温湿度有关。

（四）耐水性

耐水性是指材料长期在饱和水作用下，保持原有的功能，抵抗破坏的能力。

对于结构材料，耐水性主要指强度变化；对装饰材料则主要指颜色、光泽、外形等的变化，以及是否起泡、起层等。即材料不同，耐水性的表示方法也不同。如建筑涂料的耐水性常以是否起泡、脱落等来表示，而结构材料的耐水性用软化系数 K_p（材料在吸饱和状态下的抗压强度与材料在绝干状态下的抗压强度之比）来表示。

材料的软化系数 $K_p=0$~1.0。$K_p \geqslant 0.85$ 的材料称为耐水性材料。经常受到潮湿或水作用的结构，需选用 $K_p \geqslant 0.75$ 的材料，重要结构需选用 $K_p \geqslant 0.85$ 材料。一般材料随着含水量的增加，会减弱其内部结合力，强度都有不同程度的降低，即使致密的石材也不能完全避免这种影响。花岗石长期浸泡在水中，强度将下降3%；烧结普通砖和木材所受影响更为显著。

（五）抗冻性

抗冻性是指材料在吸水饱和状态下，在多次冻融循环的作用下，保持原有的性能，抵抗破坏的能力。

材料在-15℃以下时毛细孔中的水结冰，体积增大约9%，对孔壁产生很大的压力，而融化时由外向内逐层进行，方向与冻结时相反，在内外层之间形成压力差和温度差，使材料出现脱屑、剥落或裂缝，强度也逐渐降低，材料的抗冻性用抗冻等级 F_n 表示，如 F_{15} 表示能经受15次冻融循环而不破坏。

材料孔隙率和开口孔隙越大（特别是开口孔隙率）则材料的抗冻性越差。材料孔隙中的充水程度越高，则材料的抗冻性越差。对于受冻材料，吸水饱和状态是最不利的状态。如陶瓷材料吸水饱和受冻后，最易出现脱落、掉皮等现象。

（六）抗渗性

抗渗性指材料抵抗压力水渗透的性质，材料的抗渗性用渗透系数（K_s）表示：

$$K_s = \frac{Qd}{AtH}$$

式中 K_s——材料的渗透系数（cm/h）；

Q——渗水量（cm³）；

d——试件厚度（cm）；

A ——渗水面积（cm²）；

t ——渗水时间（h）；

H ——静水压力水头（cm）。

1.2.1.3 材料与热有关的性质

（一）导热性

导热性是指热量由材料的一面传至另外一面多少的性质。导热性用导热系数（λ）表示，计算式如下：

$$\lambda = \frac{Qd}{(T_1-T_2)At}$$

式中　λ ——导热系数[W/（m·k）]；

　　　Q ——传热量（J）；

　　　d ——材料厚度（m）；

　　　T_1-T_2 ——材料两侧的湿差（K）；

　　　A ——材料传热面的面积（m²）；

　　　t ——传热的时间（s）。

一般认为，金属材料、无机材料、晶体材料的导热系数λ分别大于有机材料、非晶体材料；孔隙率越大，导热系数越小，细小孔隙、闭口孔隙比粗大孔隙、开口孔隙对降低导热系数更为有利，因为减少或降低了对流传热；材料含水，会使导热系数急剧增加。

导热系数的大小取决于材料的组成、孔隙尺寸和孔隙特征以及含水率等。

（二）耐燃性与耐火性

1. 耐燃性

材料抵抗燃烧的性质称为耐燃性。耐燃性是影响建筑物防火和耐火等级的重要因素，《建筑内部装修设计防火规范》（GB 50222—1995）给出了常用建筑装饰材料的燃烧等级，见表1-4。材料在燃烧时放出的烟气和毒气对人体危害极大，远远超过火灾本身。因此，建筑内部装修时，应尽量避免使用燃烧时放出大量浓烟和有毒气体的装饰材料。

表1-4　常用建筑内部装饰材料的燃烧性能等级划分

材料类别	级别	材料举例
各部位材料	A	花岗岩、大理石、水磨石、水泥制品、混凝土制品、石膏板、石灰制品、黏土制品、玻璃、瓷砖、陶瓷锦砖（马赛克）、铜铁、铝、铜合金等
顶棚材料	B1	纸面石膏板、纤维石膏板、水泥刨花板、矿棉装饰吸声板、玻璃棉装饰吸声板、珍珠岩装饰吸声板、难燃烧胶合板、难燃中密度纤维板、岩棉装饰板、难燃木材、铝箔复合材料、难燃酚醛胶合板、铝箔玻璃复合材料等
墙面材料	B1	纸面石膏板、纤维石膏板、水泥刨花板、矿棉板、玻璃棉板、珍珠岩板、难燃胶合板、难燃中密度纤维板、防火塑料装饰板、难燃双面刨花板、多彩涂料、难燃墙纸、难燃墙布、难燃装饰板、难燃玻璃钢平板、PVC塑料护墙板、轻质高强复合墙板、阻燃模压木质复合板材、彩色阻燃人造板、难燃玻璃钢等

续表

材料类别	级别	材料举例
墙面材料	B2	各类天然木材、木质人造板、竹材、纸制装饰板、装饰微薄木贴面板、印刷木纹人造板、塑料贴面装饰板、聚酯装饰板、复塑装饰板、塑纤板、胶合板、塑料壁纸、无纺贴墙布、墙布、复合壁纸、天然材料壁纸、人造革等
地面材料	B1	硬PVC塑料地板、水泥刨花板、水泥木丝板、氯丁橡胶地板等
地面材料	B2	半硬质PVC塑料地板、PVC卷材地板、木地板、氯纶地毯等
装饰织物	B1	经阻燃处理的各类难燃织物等
装饰织物	B2	纯毛装饰布、纯麻装饰布、经阻燃处理的其他织物等
其他装饰材料	B1	聚氯乙烯塑料、酚醛塑料、聚碳酸酯塑料、聚四氟氰胺甲醛塑料、脲醛塑料、硅树脂塑料装饰型材、经阻燃处理的各类织物等。另见顶棚材料和墙面材料中的有关材料
其他装饰材料	B2	经阻燃处理的聚乙烯、聚丙烯、聚氨酯、聚苯乙烯、玻璃钢、化纤织物、木制品等

注：1. 安装在钢龙骨上的纸面石膏板，可作为 A 级装饰材料用。
2. 当胶合板表面涂覆一级饰面型防火涂料时，作为 B1 及装饰材料用。
3. 单位质量小于 300 kg/m^3 的纸质、布质壁纸，当直接粘贴在 A 级基材上时，可作为 B1 级装饰材料使用。
4. 施涂于 A 级基材上的无机装饰涂料，可作为 A 级装饰涂料使用。施涂于 A 级基材上，湿涂覆比小于 1.5 kg/m^2 的有机装饰涂料，可作为 B1 级装饰材料使用；施涂于 B1、B2 级基材上时，应连同基材一起通过实验确定其燃烧等级。
5. 其他装饰材料系指窗帘、帷幕、床罩、家具包布等。

另外，国家还规定了下列建筑或部位室内装修宜采用非燃烧材料或难燃材料。
（1）高级宾馆的客房及公共活动用房。
（2）演播室、录音室及电化教室。
（3）大型、中型计算机房。

2. 耐火性

耐火性是指材料抵抗高温或火的作用保持其原有性质的能力。金属材料、玻璃等虽属于不燃性材料，但在高温或火的作用下在短时间内就会变形、熔融，因为不属于耐火材料。建筑材料或构件的耐火极限通常用时间来表示，即按规定方法，从材料受到或的作用时间起，直到材料失去支持能力、完整性被破坏或失去隔火作用的时间，以 h 或 min 计。如无保护层的钢柱，其耐火权限仅有 0.25 h。

（三）耐急冷急热性

材料抵抗急冷急热的交替作用，并能保持其原有性质的能力，称为材料的耐急冷急热性，又称材料的抗热震性或热稳定性。

许多无机非金属材料在急冷急热交替作用下，易产生巨大的温度应力而使材料开裂或炸裂破坏，如瓷砖、釉面砖等。

1.2.1.4 材料与声学有关的性质

（一）吸声性

吸声性是指材料在空气中能够吸声的能力。当声波传播到材料的表面时，一部分声波被反射，另一部分穿透材料，其余部分则传递给材料。对于含有大量开口孔隙的多孔材料，传递给材料的声能在材料的孔隙中引起空气分子与孔壁的摩擦和黏滞阻力，使相当一部分的声能转化为热能而被吸收或消耗掉；对于含有大量封闭孔隙的柔性多孔材料（如聚氯乙烯泡沫塑料制品）传递给材料的声能在空气振动的作用下孔壁也产生振动，使声能在振动时因克服内部摩擦而被消耗掉。材料吸声性能的优劣一吸声系数来衡量，吸声系数是指吸收的能量与声波原先传递给材料的全部能量的百分比。吸声系数与声音的频率及声音的入射方向有关，因此吸声系数指的是一定频率的声音从各个方面入射的吸收平均值，一般采用的声波频率为 125 Hz、250 Hz、500 Hz、1 000 Hz、2 000 Hz、4 000 Hz。一般对上述 6 个频率的平均吸声系数大于 0.2 的材料称为吸声材料。对于多孔吸声材料，其吸声效果与下列因素有关：

（1）材料的体积密度。对同一种多孔材料，其体积密度增大，低频吸声效果提高，而高频吸声效果降低。

（2）材料的厚度。厚度增加，低频吸声效果提高，而对高频影响不大。

（3）材料的孔隙特征。孔隙越多越细小、吸声效果越好，若孔隙太大，则效果就差。

需要指出的是，许多吸声材料与绝热材料性质相同，且都属多孔结构，但对孔隙特征的要求不同，绝热材料要求孔隙封闭，不相连通，这种孔隙越多，其绝热性能越好。而吸声材料则要求气孔开放，互相连通，这种气孔越多，吸声性能越好。

（二）隔声性

声波在建筑结构中的传播主要通过空气和固体来实现，因而隔声分为隔空气声和隔固体声。

1. 隔空气声

透射声功率与入射声频率的比值称为声透射系数 τ，该值越大则材料的隔声性能越差。材料或构件的隔声能力用隔声量 $R[R=101g(1/\tau)]$ 来表示。与声透射系数 τ 相反，隔声量 R 越大，材料或构件的隔声性能越好。对于均质材料，隔声量符合"质量定律"，即材料单位面积的质量越大或材料的体积密度越大，隔声效果越好。轻质材料的质量较小，隔声性较密实材料差。

2. 隔固体声

固体声是由于振源撞击固体材料，引起固体材料收迫振动而发声，并向四周辐射声能。固体声仔传播过程中，声能的衰减极少。弹性材料如木板、地毯、壁布、橡胶片等具有较高的隔固体声能力。

1.2.2 力学性

1.2.2.1 材料的强度

材料在外力作用下抵抗破坏的能力，称为材料的强度。建筑装饰材料受外力作用时，内部就产生应力。外力增加，应力相应增大，直至材料内部质点结合力不足以抵抗所作用的外力时，材料即发生破坏，此时的应力值看，就是材料的强度，也称极限强度。根据外力作用形式不同，建筑装饰材料的强度有抗压强度、抗拉强度、抗弯强度及抗剪强度（见图1-2）还有断裂强度、玻璃强度、抗冲击强度、耐磨性等。

断裂强度时指承受荷载时材料抵抗断裂的能力。剥离强度是指在规定的实验条件下，对标准试样施加荷载，使其承受线应力，且加载的方向与试样粘面保持规定角度，胶粘剂单位宽度上所能承受的平均荷载，通常以 N/m 来表示。

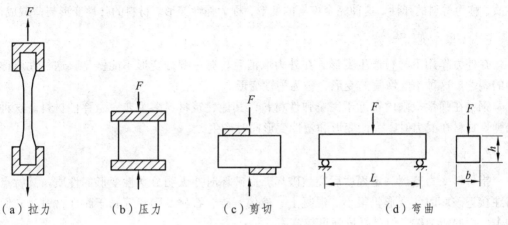

（a）拉力　　　（b）压力　　　（c）剪切　　　（d）弯曲

图 1-2　材料受外力作用示意图

1.2.2.2　强度等级、比强度

对于以强度为主要指标的材料，通常按材料强度值的高低划分成若干等级，称为强度等级（如混凝土、砂浆等用"强度等级"来表示）。比强度是材料强度与体积密度的比值。比强度是衡量材料轻质高强性能的一项重要指标，比强度越大，则材料轻质性能越好。

1.2.2.3　硬度与耐磨性

硬度是材料抵抗较硬物体压入或刻画的能力。硬度的表示方法有布氏硬度（HBS、HBW）、肖氏硬度（HS）、洛氏硬度（HR）、韦氏硬度（HV）、邵氏硬度（HD、HA）和莫氏硬度，由于测试硬度的方法不同，所以表示材料的硬度就不同，布氏硬度、肖氏硬度、洛氏硬度、韦氏硬度都用钢球压入法测定试样，钢材、木材、混凝土、矿物材料等多采用此法，但石材有时也用刻化法（又称莫氏硬度）测定；莫氏硬度、邵氏硬度通常用压针法测定试样，非金属材料及矿物材料一般用此方法测定。

耐磨性是指材料表面抵抗磨损的能力，耐磨性用磨损率（N）表示。磨损率（N）可用下式计算：

$$N = \frac{m_1 - m_2}{A}$$

式中　N——材料的磨损率（g/cm^2）；

　　　m_1，m_2——材料磨损前、后的质量（g）；

　　　A——镀件受磨面积（cm^2）。

材料的耐磨性与硬度、强度及内部构造有关，材料的硬度越大，则材料的磨损性越高，材料的磨损率有时也用磨损前后的体积损失来表示；材料的耐磨性有时也是用耐磨次数来表示。地面、路面、楼梯踏步及其他受较强磨损作用的部位等,需选用具有较高硬度和耐磨性的材料。

1.2.2.4　弹性、塑性、脆性与韧性

（一）弹　性

材料在外力作用下产生变形,外力取消后变形即消失,材料能够完全恢复到原来形状的性质,称为材料的弹性。这种完全恢复的变形,称为弹性变形。材料的弹性变形与荷载成正比。

（二）塑　性

在外力作用下材料产生变形,在外力取消后,有一部分变形不能恢复,这种性质称为材料的塑性。这种不能恢复的变形,称为塑性变形。

钢材在弹性极限内接近于完全弹性材料,其他建筑材料多为非完全弹性材料。这种非完全弹性材料在受力时,弹性变形和塑性变形同时产生。

（三）脆　性

指材料受力达到一定程度后突然破坏,而破坏时并无明显塑性变形的性质。其特点是材料在接近破坏时,变形仍很小。混凝土、玻璃、砖、石材及陶瓷等属于脆性材料。它们抵抗冲击作用的能力差,但是抵抗强度较高。

（四）韧　性

指材料在冲击、振动荷载的作用下,材料能够吸收较大的能量,同时也能产生一定的变形而不致破坏的性质。对用作桥梁地面、路面及吊车等的材料,都要求具有较高的抗冲击韧性。

1.2.3　耐久性

材料长期抵抗各种内外破坏因素或腐蚀介质的作用,保持其原有性质的能力称为材料的耐久性。材料的耐久性是材料的一项综合性质,一般包括有耐磨性、耐擦性、耐水性、耐热性、耐光性、抗渗性、抗老化性、耐溶蚀性、耐沾污性等。材料的组成和性质不同,工程的重要性及所处的环境不同,则对材料耐久性项目的要求及耐久性年限的要求也不同。如潮湿环境的建筑物要求装饰材料具有一定的耐水性;北方地区的建筑物外墙用装饰材料须具有一定的抗冻性;地面用装饰材料具有一定的硬度和耐磨性等。耐久性寿命的长短是相对的,如对花岗岩要求其耐久性寿命为数十年至数百年以上,而对质量好的外墙涂料则要求其耐久性寿命为 10~15 年。

1.2.3.1　影响耐久性的主要因素

（一）外部因素

外部因素是影响耐久性的主要因素,外部因素主要有:

（1）化学作用,包括各种酸、碱、盐及其水溶液各种腐蚀性气体,对材料具有化学腐蚀作用。

（2）物理作用,包括光、热、电、温度差、湿度差、干湿循环、冻融循环、溶解等,可

使用材料的结构发生变化，如内部产生微裂纹或孔隙率增加。

（3）生物作用，包括菌类、昆虫等，可使用材料产生腐蚀、虫蛀等而破坏。

（4）机械作用，包括冲击，疲劳荷载，各种气体、液体及固体引起的磨损与磨耗等。

实际工程中，材料受到外界破坏往往是两种以上因素同时作用。金属材料常由化学和电化学作用引起腐蚀和破坏；无机非金属材料常由化学作用、溶解、冻融、风蚀、温差、湿差、摩擦等某种因素或某几种因素综合作用而引起破坏；有机材料常由生物作用、溶解、化学腐蚀、光、热、电等作用而引起破坏。

（二）内部因素

内部因素也是造成装饰材料耐久性下降的根本原因。内部因素主要包括材料的组成、结构与性质。当材料的组成成分易溶于水或其他液体，或易与其他物质产生化学反应时，则材料的耐水性、耐化学腐蚀性较差；无机非金属脆性材料在温度剧变时，易产生开裂，即耐急性差；晶体材料较非晶体材料的化学稳定性高；当材料的孔隙率，特别是开口孔隙率较大时，则材料的耐久性往往较差。

2 装配式建筑装饰墙体材料

隔墙,即分隔建筑物内部空间的墙。隔墙不承重,一般要求轻、薄,有良好的隔声性能。隔墙具有防火、隔音、强度、环保等特征,常见的隔墙有立筋式隔墙、块材隔墙、板材隔墙等。在装修市场中,传统工艺中"砌砖+抹灰"是非常常见的,这个主要是人们受到传统的影响,感觉传统材料使用砖块比较放心、比较牢固。根据现在的装修市场现状来看,隔墙材料使用砖砌的还是比较多的。伴随着装修中的拆建工程,造成了施工场地环境杂乱现象,是人力、物力、财力的极大浪费。装配式建筑中隔墙主要采用预制混凝土隔墙、新型轻质隔墙轻钢龙骨石膏板隔墙、轻钢龙骨饰面板隔墙、玻璃隔墙、板材隔墙、活动隔墙等装配式内隔墙体系。

2.1 墙体骨架材料

2.1.1 木龙骨

木龙骨隔墙容易造型,握钉力强易于安装,特别适合与其他木制品的连接。木龙骨用得比较多也比较普遍的是 2 cm×3 cm×2 m~4 m 的长度,墙裙用的是 1 cm×3 cm,地板龙骨基本上用 2.5 cm×4 cm 或 3 cm×4 cm×2 m~4 m 的长度。其他木龙骨的尺寸没有太严格的规定,一般不同的地区和厂家生产的木龙骨的规格尺寸也不同,使用时主要考虑龙骨受力的刚度、稳定性,根据跨度和面层材料的重量来考虑,以及主龙骨、副(次)龙骨的分布情况来使用。副(次)龙骨一般的规格:20×30,25×35,30×40;主龙骨一般的规格:30×40,40×60,更大的 60×80 或者 100 的很少用于家庭装修。

木龙骨隔墙

木龙骨隔墙

2.1.2 轻钢龙骨

轻钢龙骨是以优质的连续热镀锌板带为原材料,经冷弯工艺轧制而成的建筑用金属骨架。

轻钢龙骨按用途有吊顶龙骨和隔断龙骨，按断面形式有V形、C形、T形、L形、U形龙骨。轻钢龙骨是一种新型的建筑材料，随着我国现代化建设的发展，近年来已广泛应用于宾馆、候机楼、客运站、车站、剧场、商场、工厂、办公楼、旧建筑改造、顶棚等场所。在轻钢龙骨的厚度方面也很重要，它对墙体的承重起关键作用，在大型豪华酒店、写字楼，大多采用轻钢龙骨做隔墙。轻钢龙骨隔墙有防震、防尘、隔音、吸音、恒温等功效，同时还具有工期短、施工简便、不易变形的、质量小、强度较高、耐火性好、通用性强且安装简易的特性。

轻钢龙骨隔墙

轻钢龙骨隔墙

轻钢龙骨隔墙

2.2 墙体基层材料

隔墙基层材料是指的是设在隔墙面层以下的结构层，这些基层材料有一部分本身可自带图案和纹理如纤维板等，大多数隔墙基层材料都是需要饰面装饰的。

传统的砖块隔墙有一定的局限性，现在建筑中已经开始将轻质隔墙材料应用于外墙上，效果还是不错的，在内隔墙上材料的选择，轻质隔墙材料完全可以替换砖块。由于新型轻质隔墙材料，节能环保，质轻使用方便，作为一种新型的产品，技术还在不断提高的过程中，这期间难免出现一些质量问题，影响了它的推广。就长远来说，内墙体材料已走上了薄体化、轻质化、功能多样化、保温、隔声的革新道路，轻质墙板必将如发达国家一样，成为墙体材料的主导。

2.2.1 石膏板

因为石膏是无机材料，所以石膏板无毒、无异味，不易变色。石膏板除具备低能耗，高生产能力、轻质、保温隔热性能好、干法施工、安装快捷等特点外，还具备独特的"呼吸功能"。石膏板是多孔物质，当室内环境潮湿时，可把水分储存起来，当室内干燥时又可释放水分，达到自动调节室内干湿度的效果。因此，纸面石膏板除了可作装饰用外，也是墙板类的墙体材料。而且，它的收缩率小，相对水泥、石棉、木板等不易开裂。用石膏板从经济与实用方面来说均为最佳选择。石膏板作隔墙材料，在花纹装饰上有很大的创造性，富有立体感，而且防火性能优越，价格也比其他材料便宜。在选择石膏板做隔墙材料时，可从设计、施工和饰面处理三方面入手。石膏板的设计可按照需要灵活定制，风格多样，但对装修手工艺的要求较高。楔形边的石膏板接缝需用接缝纸带和嵌缝料进行接缝处理，亦可使用多种石膏饰面材料对石膏板板面进行 2~5 mm 厚的满批，以获得比传统方法更为完美的装饰表面。

石膏板

石膏板

2.2.2 硅酸钙板

硅酸钙板作为新型绿色环保建材，除具有传统石膏板的优点外，更具有优越防火性能及耐潮、使用寿命超长的优点，大量应用于商业建筑工程的吊顶天花和隔墙及家庭装修、家具的衬板、广告牌的衬板、船舶的隔仓板、仓库的棚板、网络地板以及隧道等室内工程的壁板。市面上出现的硅酸钙装饰板是将硅酸钙板之上附印高清图案和肌理效果，使其具有装饰功能。

硅酸钙板

硅酸钙板

硅酸钙装饰板

2.2.3 硅钙防火板

用硅酸钙制作的防火板。主要用于防火。

硅钙防火板

硅钙防火板

硅钙防火板

2.2.4　纤维板

纤维板是以植物纤维为原料，经过纤维分离、施胶、干燥、铺装成型、热压、锯边和检验等工序制成的板材，是人造板主导产品之一。按密度的不同分为硬质纤维板、高密度纤维板、中密度纤维板和软质纤维板。硬质纤维板的密度为 0.8 g/cm³ 以上，常为一面光；中密度纤维板的密度为 0.45~0.88 g/cm³，广泛用于建筑和家具生产等行业，亦可用作包装材料；软质纤维板的密度在 0.4 g/cm³ 以下，具有良好的吸音和隔热性能，主要用于高级建筑（如剧院等）的吸音结构。生产方法有湿法、干法和半干法三种，目前以干法为主。

纤维板　　　　　　　纤维板　　　　　　　纤维板

2.2.5　纤维水泥板

纤维水泥板，又称纤维增强水泥板，是以纤维和水泥为主要原材料生产的建筑用水泥平板，以其优越的性能被广泛应用于建筑行业的各个领域。根据添加纤维的不同分为温石棉纤维水泥板和无石棉纤维水泥板，根据成型加压的不同分为纤维水泥无压板和纤维水泥压力板。规格、密度等物理性能不同的纤维水泥板其隔热、隔声性能是不同的，一般说来密度越高、厚度越厚的板材其隔热隔声性能越好。另外其绝缘性能是值得推荐的，比如应用在配电室。其常规规格：长度 2 000~2 440 mm，宽度 1 000 mm~1 220 mm，常见厚度 4~12 mm，在国内厚度可延伸 2.5~90 mm，国内的板从尺寸一般为 1 200×2 400 或 1 220×2 440，前者为国内通用标准，后者为国际通用标准。（其他较小尺寸可以任意切割）

　　　　　纤维水泥板　　　　　　　　　　纤维水泥板

2.2.6 轻质隔墙板

轻质隔墙板主要用于办公楼、酒店宾馆、住宅小区、商业楼、学生宿舍、办公写字楼、医院、学校、宾馆、商场、娱乐厅、活动板房、旧房改造教室等框架结构建筑屋内隔墙，以及工厂厂房的均可需要起到隔墙作用等。

2.2.6.1 GRC 玻璃纤维增强水泥

GRC 是玻璃纤维增强水泥（Glass Fiber Reinforced Cement）的英语缩写，意思是"以耐碱玻璃纤维为增强材料"，以低碱度高强水泥砂浆为胶结材料，以轻质无机复合材料为骨料，执行国家 JC 666 标准；GRC 构件薄，有高耐伸缩性，抗冲击性能好，碱度低，自由膨胀率小，防裂性能可靠，质量稳定，防潮、保温、不燃、隔声、可锯、可钻、可钉、可凿，墙面平整施工简便，避免了湿作业，改善了施工环境，节省土地资源，质量小，在建筑中减轻荷载（是黏土砖质量大小的 1/6~1/8），减少基础及梁、柱钢筋混凝土，降低工程总造价，扩大使用面积，是建筑物非承重部位替代黏土砖的最佳材料，近年来已广泛应用，是国家建材局、建设部重点推荐的新型轻质墙体材料。

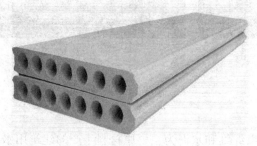
玻璃纤维增强水泥

玻璃纤维增强水泥

2.2.6.2 蒸压加气混凝土板

蒸压加气混凝土板是以水泥、石灰、硅砂等为主要原料再根据结构要求配置添加不同数量经防腐处理的钢筋网片的一种轻质多孔新型的绿色环保建筑材料。经高温高压、蒸汽养护，反应生产具有多孔状结晶的蒸压加气混凝土板，其密度较一般水泥质材料小，且具有良好的耐火、防火、隔音、隔热、保温等性能。

蒸压加气混凝土板

蒸压加气混凝土板

蒸压加气混凝土板

2.2.6.3 轻集料混凝土条板

轻集料混凝土条板主要由发泡的轻集料混凝土条板所组成，在发泡的轻集料混凝土条板内设有一层聚苯乙烯泡沫塑料中间夹层。发泡的轻集料混凝土条板的四边中至少有二边为弧形边,在安装时,二板连接处呈双弧状刚性连接,连接处用氯氧镁水泥等材料作胶凝材料,不易裂缝。

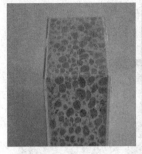 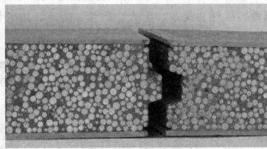 

轻集料混凝土条板　　　　　轻集料混凝土条板接口　　　　轻集料混凝土条板

2.2.6.4　石膏墙板（包括纸面石膏板、石膏空心条板）

石膏墙板以建筑石膏为原料,加水搅拌,浇注成型的轻质建筑石膏制品。生产中允许加入纤维、珍珠岩、水泥、河沙、粉煤灰、炉渣等,拥有足够的机械强度。

石膏空心墙板　　　　　　　　　　　　石膏墙板

2.2.6.5　金属面夹芯板（包括金属面聚苯乙烯夹芯板、金属面硬质聚氨酯夹芯板和金属面岩棉）

金属面夹芯板是指上下两层为金属薄板,芯材为有一定刚度的保温材料,如岩棉、硬质泡沫塑料等,在专用的自动化生产线上复合而成的具有承载力的结构板材,也称为"三明治"板,具有一定粘结性能、剥离性能、抗弯承载力、燃烧性能等。

 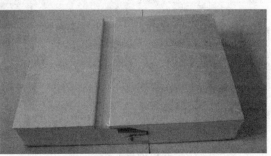

金属面夹芯板　　　　　　　　　　　　金属面夹芯板

2.2.6.6 复合轻质夹芯隔墙板、条板

复合轻质夹芯隔墙板、条板由双面中密度水泥纤维防水板（100%不含石棉）与轻集料混凝土芯体（膨胀珍珠岩粉、聚苯乙烯颗粒、轻质波特兰水泥、添加剂等）组成。特点：轻质、实心、薄体、高强度、隔音、隔热、防水、防火、防潮、防冻、防老化、吊挂力强、耐冲击、可钉可锯、施工简单、可直接开槽埋设线管。

复合轻质夹芯隔墙板

复合轻质夹芯隔墙板

2.2.6.7 隔声墙板

隔声墙板是一种高性能的约束阻尼结构板，它是由高性能的黏弹阻尼隔音涂层和约束阻尼层复合而成的。当结构板在受到声波的撞击而产生振动时，黏弹阻尼涂层能有效地将声波的振动能转化成热能消耗掉，从而起到显著的隔音作用。高隔音的特点使墙体隔音达 50 dB 以上，使高隔音工程轻松达标；少用材、易安装、短工时，少占地面积，因此最为经济实用；可任意切割，安装、施工简单方便，更易翻修，该墙板在任意部位钉钉、钻孔、打膨胀螺栓都能紧固而且可吊重物，如空调、液晶电视等，维护十分方便；100%不含对人体有害的物质，无放射性物质，环保无毒；防火、保温、防霉、防潮，具有较好耐候性；高强度、高抗冲击性能；两层或多层复合板层结构，大大提高了其各项力学性能。隔音墙板分为标准型 G60 系列和加强型 G80 系列，其不同组装结构可以达到隔声 50~80 dB。根据材料性能的不同，可分为：防水型、防火型、抗冲击型、防电磁干扰型等。应用领域：高端住宅，如别墅、排屋、高端公寓、高端疗养院等；高端宾馆，如星级酒店、特色宾馆等；商业建筑，如高端写字楼、办公大楼等；影音场所，如影剧院、演播厅、KTV、琴房、录音棚等。

隔声墙板

隔声墙板

2.2.6.8 陶粒轻质隔墙板

陶粒轻质隔墙板是国家大力提倡推进的绿色环保、新型节能墙体产品。它是以陶粒、陶砂或炉渣、粉煤灰为主要原料，掺加胶凝材料、纤维增强材料、轻骨料与外加剂等而成的新型墙体材料。该材料主要用于内隔墙。该项技术利用了废料，减少了对环境的污染。其特点是强度高，保温性能与隔音性能好，施工安装便捷，减少工人劳动强度。

陶粒轻质隔墙板

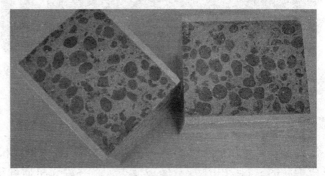
陶粒轻质隔墙板内部

2.3 墙体填充材料

2.3.1 吸音隔热棉

吸音隔音棉是隔音棉中的一种，是一种新型的建筑材料，随着我国现代化建设的发展，已得到广泛应用，常用于墙体吸声，保温，空调风道保温和屋面保温等。

吸音隔热棉

吸音隔热棉

2.3.2 隔音毡

隔音毡，是一种具有一定柔性的高密度卷材，在欧美日韩等发达国家普遍使用的建筑隔音材料，主要用来与石膏板搭配，用于墙体隔音和吊顶隔音，也应用于管道、机械设备的隔音和阻尼减振。

隔音毡　　　　　　　　　　　　　　　　隔音毡

2.3.3　玻璃棉

玻璃棉属于玻璃纤维中的一个类别，是一种人造无机纤维。玻璃棉是将熔融玻璃纤维化，形成棉状的材料，化学成分属玻璃类，是一种无机质纤维，具有成型好、体积密度小、热导率低、保温绝热、吸音性能好、耐腐蚀、化学性能稳定等特点。防火等级 A 级，导热系数 0.037，热收缩温度 270 °C 左右，保冷效果明显。

玻璃棉　　　　　　　　　　　　　　　　玻璃棉

2.3.4　岩　棉

岩棉板是以玄武岩为主要原材料，经高温熔融加工而成的无机纤维板。岩棉板又称岩棉保温装饰板。岩棉板经过高温融熔加工成的人工无机纤维，具有质量轻、导热系数小、吸热、不燃的特点，是一种新型的保温、隔燃、吸声材料，防火等级 A 级。

岩　棉　　　　　　　　　　　　　　　岩棉装饰板

2.3.5 矿棉

矿棉及其制品质轻、耐久、不燃、不腐、不受虫蛀等，是优良的隔热保温、吸声材料。主要原材料是矿渣，防火等级 A 级，导热系数 0.044，热收缩温度 680 ℃ 左右，用途：幕墙填充保温用。

矿棉　　　　　　　　　　　矿棉

2.4 其他墙体材料

2.4.1 玻璃墙体

玻璃隔墙主要作用就是使用玻璃作为隔墙将空间根据需求划分，更加合理地利用好空间，满足各种家装和工装用途。玻璃隔墙通常采用钢化玻璃，具有抗风压性、抗冲击性等优点，所以更加安全、固牢和耐用，而且玻璃打碎后对人体的伤害比普通玻璃小很多。材质方面有三种类型：单层、双层和艺术玻璃。当然一切根据客户需求来做。优质的隔断工程应该是采光好、隔音防火佳、环保、易安装并且玻璃可重复利用。

根据玻璃的特性可采用安全玻璃、防火玻璃、防爆玻璃、艺术玻璃等制作隔墙。

玻璃隔墙

2.4.2 活动墙体

活动墙体又叫活动隔断、隔断、活动展板、活动屏风、移动隔断、移动屏风、移动隔音墙、移动墙、推拉门，具有易安装、可重复利用、可工业化生产、防火、环保等特点，已经广泛适用在酒店、宾馆、多功能厅、会议室、宴会厅、写字楼、展厅、金融机构、政府办公楼、医院、工厂等多种场合，主要采用玻璃、金属、石材、塑料、铝合金等材质制作。

铝合金框架活动墙体　　　　玻璃活动墙体　　　　木质活动墙体

2.5 隔墙面层材料

2.5.1 集成墙面系统

隔墙采用轻钢龙骨，填充岩棉，表面是一体化带饰面的 UV 涂装板，节省表面贴壁纸或刷涂料的工序，既省工又环保。

集成墙面系统及系统配件

2.5.2 隔墙面层材料

隔墙面层材料同墙柱面装饰工程的装饰材料是通用的。详情将在下一个章节的楼地面、墙柱面装饰材料中一一介绍，这里就不重复介绍了。通常是在隔墙骨架和基层材料安装之后，待墙板拼接缝之间的嵌缝腻子充分固结之后，按照混凝土墙面的抹灰方法进行抹灰或做装饰面层，抹灰层的厚度应能保证墙面平整美观；如在墙板表面直接做刮塑、油漆或贴墙纸等装饰面层；可以用水泥腻子刮平，然后做面层。也可以按建筑做法贴面砖或其他面层。有些隔墙基层材料自带装饰纹理和图案，也可直接用于装饰。

集成快装墙板　　　　　乳胶漆饰面隔墙　　　　自带装饰层墙板

3 隐蔽系统工程

3.1 地面防水系统

随着装配式建筑中卫生间沉箱的取缔,传统的防水施工也从装修市场中渐渐移除。装配式装修力推整体卫浴,像汽车一样生产卫生间。整体卫浴的所有部件都是在工厂预制完成,使用大型压机及钢模实现工业化、标准化生产,速度快,品质稳定可靠。整体浴室主体通过高温高压一次性模压成型,密度大、强度高、质量轻但坚固耐用。整体底盘,无须做防水,绝不渗漏。在全面实现整体卫浴之前,对于一些需要做防水的地面,可以使用以下几种防水材料。

3.1.1 聚合物水泥防水涂料

聚合物水泥防水涂料,简称 JS 防水涂料,J 指聚合物,S 指水泥,故 JS 就是聚合物水泥防水涂料。聚合物水泥防水涂料是一种以聚丙烯酸酯乳液、乙烯-醋酸乙烯酯共聚乳液等聚合物乳液与各种添加剂组成的有机液料,和水泥、石英砂、轻重质碳酸钙等无机填料及各种添加剂所组成的无机粉料通过合理配比、复合制成的一种双组分、水性建筑防水涂料。

聚合物水泥防水涂料

3.1.2 PVC 防水材料

聚氯乙烯(简称 PVC)防水卷材,是以聚氯乙烯树脂为原料,掺加增塑剂、填充剂、抗氧剂、紫外线吸收剂及其他助剂等一次挤出而成的新型高分子防水卷材。聚氯乙烯(简称 PVC)防水卷材绿色环保、无毒、无害、无污染,具有长久的可塑性、可回收利用、尺寸和颜色稳定、长期耐候性、抗紫外线、耐热、耐老化性、牢固可靠、具有长期可焊性、维修便捷且成本低廉、表面光滑、不易沾灰、易清洁,可长达 25 年或以上合理使用寿命等诸多优点。

PVC 防水材料

3.1.3 SBS 改性沥青防水卷材

SBS 改性沥青防水卷材具有很好的耐高温性能，可以在-25～+100 ℃的温度范围内使用，有较高的弹性和耐疲劳性，以及高达 1 500%的伸长率和较强的耐穿刺能力、耐撕裂能力。适合于寒冷地区，以及变形和振动较大的工业与民用建筑的防水工程。

SBS 改性沥青防水卷材低温柔性好，达到-25 ℃不裂纹；耐热性能高，90 ℃不流淌。延伸性能好，使用寿命长，施工简便，污染小等。产品适用于Ⅰ、Ⅱ级建筑的防水工程，尤其适用于低温寒冷地区和结构变形频繁的建筑防水工程。适用范围：广泛应用于工业和民用建筑的屋面、地下室、卫生间等防水工程以及屋顶花园、道路、桥梁、隧道、停车场、游泳池等工程。变形较大的工程建议选用延伸性能优异的聚酯胎产品，其他建筑宜选用相对经济的玻纤胎产品。

SBS 改性沥青防水卷材

3.1.4 三元乙丙橡胶防水

三元乙丙橡胶防水卷材（简称 EPDM 卷材）系以三元乙丙橡胶掺入适量的丁基橡胶、硫化剂、促进剂、软化剂和补强剂等，经密炼、拉片过滤、挤出成型等工序加工而成。由于三元乙丙橡胶分子结构中的主链上没有双键，因此，当其受到臭氧、紫外线、湿热的作用时，主键上不易发生断裂，所以它有优异的耐气候性、耐老化性，而且抗拉强度高、延伸率大，对基层伸缩或开裂的适应性强，质量轻，使用温度范围宽（在-40～+80 ℃范围内可以长期使用），是一种高效防水材料。它还可冷施工，操作简便，减少环境污染，改善工人的劳动条件。一般有 A 型和 B 型两种卷材，A 型是硫化型，B 型是非硫化型。

三元乙丙橡胶防水

3.1.5 聚乙烯丙纶复合防水卷材

聚乙烯丙纶复合防水卷材是以原生聚乙烯合成高分子材料加入抗老化剂、稳定剂、助粘剂等与高强度新型丙纶涤纶长丝无纺布，经过自动化生产线一次复合而成的新型防水卷材。该产品在充分研究现有防水、防渗类产品的基础上根据现代防水工程，对防水、防渗材料的新要求研制而成的。该产品是选用多层高分子合成片状材料，采用新技术新工艺复合加工制造的一种新型防水材料。上下表面粗糙，无纺布纤维呈无规则交叉结构，形成立体网孔。可以在环境温度-40～60℃范围内长期稳定使用。适合多种材料粘合，尤其与水泥材料在凝固过程中直接粘合，只要无明水便可施工，其综合性能良好，抗拉强度高。抗渗能力强，低温柔性好，膨胀系数小，易粘接，摩擦系数小，可直接设于砂土中使用，性能稳定可靠，是一种无毒、无污染的绿色环保产品。

聚乙烯丙纶复合防水卷材

3.2 地暖系统

地暖是地板辐射采暖的简称，英文为 Radiant Floor Heating，是以整个地面为散热器，通过地板辐射层中的热媒，均匀加热整个地面，利用地面自身的蓄热和热量向上辐射的规律由下至上进行传导，来达到取暖的目的。地暖符合中医"温足而凉顶"的人体供需，给人以脚暖头凉的良好感觉，符合人体散热要求的热环境，改善血液循环，促进新陈代谢，对心血管疾病有抑制作用；对老年人和儿童尤为适用，对于关节炎、老寒腿的病人更有防治功效。地暖由地面散热，室内温度分布由下而上逐渐递减，室内热环境温度均匀，洁净卫生，避免了室内空气对流所导致的尘埃和挥发异味。采暖过程热量主要以辐射传热，室内温度分布合理，无效热损失少；热媒低温输送，输送过程热量损失少。传统对流采暖，散热器及管道装饰各占用一定的室内空间，影响内装饰和家具布置，而地暖将加热盘管埋设于地板中，不影响室内美观，不占用室内空间，便于装修和家具布置。因供水温度≤60℃，地暖管的使用寿命可以长达50年以上，与建筑同寿命，不用像散热器等每隔8~10年需要更换。

地暖从热媒介质上分为水地暖和电地暖两大类。

从铺装结构上以干式地暖为主，干式地暖不需要豆石回填（属于超薄型），取代繁冗复杂的传统湿式地暖。

从表面饰材上分为地板型地暖和瓷砖型地暖。

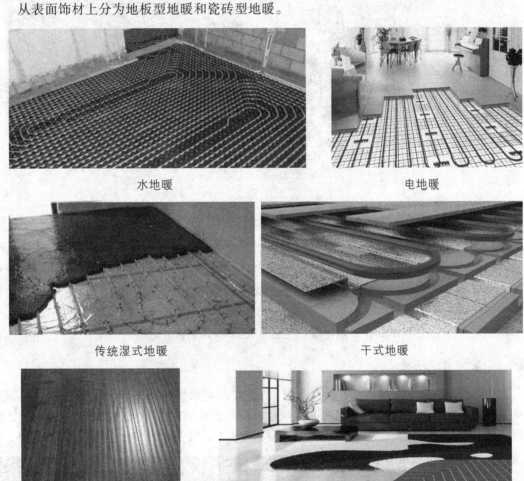

水地暖　　　　　　　　　　　　电地暖

传统湿式地暖　　　　　　　　　干式地暖

地板型地暖　　　　　　　　　　瓷砖型地暖

3.2.1　水　暖

水暖是地板辐射采暖的其中一种，也是目前最流行的一种采暖方式，它比起电暖在集中供暖上具有优势。水暖是通过地面盘管，管道里有循环流动的热水，通过地板辐射层中的热媒，均匀加热整个地面，利用地面自身的蓄热和热量向上辐射的规律由下至上进行传导，来达到取暖的目的。室内形成脚底至头部逐渐递减的温度梯度，从而给人以脚暖头凉的舒适感。地面辐射供暖符合中医"温足而顶凉"的健身理论，是目前最舒适的采暖方式，也是现代生活品质的象征。

水地暖

3.2.2 电地暖

电地暖以发热电缆为发热体，用以铺设在各种地板、瓷砖、大理石等地面材料下，再配上智能温控器系统，使其形成舒适环保、高效节能、不需要维护、各房间独立使用、寿命特长、隐蔽式的地面供暖系统。电地暖在欧洲北美早就已经流行。随着我国人民生活水平的提高，这种新兴的采暖方式在国内也有了越来越多的应用，地暖开始走入人们的家居生活。

电地暖总体分为3种，有发热电缆、电热膜地暖以及碳晶地暖。

3.2.2.1 发热电缆地暖

发热电缆是将外表面允许工作温度上限为65℃的埋设在地板中，以发热电缆为热源加热地板，以温控器控制室温或地板温度，实现地面辐射供暖的供暖方式。发热电缆地暖的使用也较简单。在整个使用的过程中无须用水，也不会怕冻，开关可以自由控制。

发热电缆地暖

3.2.2.2 电热膜地暖

电热膜地暖是一种通电后能发热的半透明聚酯薄膜,是由可导电的特制油墨、金属载流条经印刷、热压在两层绝缘聚酯薄膜间制成的一种特殊的加热元件。面式发热加热地板,以温控器控制室温或地板温度,实现地面辐射供暖的供暖方式。电热膜地暖有节能、节水、节地、无污染环境、运行安全可靠、使用寿命长、体积小、施工简便等诸多优点。

电热膜地暖

3.2.2.3 碳晶地暖

碳晶地暖产品采用纳米半导体碳晶高科技材料,以电热转换载体,让电热转换率达98%,是目前世界热转换率最高的发热材料之一。系统在电的引发激励下,通过碳分子布朗热导运动,产生大量远红外线热辐射,最终使寒冷空间达到迅速升温、制暖目的。碳晶地暖颠覆了传统的水暖和电暖的采暖方式,集节能、环保、工作安全稳定、超长使用寿命、保健理疗等优点于一身。

碳晶地暖

3.2.2.4 碳纤维地暖

长丝碳纤维地暖与碳晶地暖都是真正采用碳纤维材料作为发热体生产的地暖产品,只是设计思路不同,产品结构不同而已,在产品感受上几乎一样,都能提供健康、舒适、节能、环保的使用感受。碳纤维材料是目前采暖领域的新型环保材料,因为寿命长、电磁辐射小、环保节能、热效率高等优势,已经逐步进入了采暖领域,也是2009年开始地暖及采暖领域的新型材料。目前长丝碳纤维的生产厂家屈指可数。因长丝碳纤维主要依靠进口高等级碳纤维来进行生产,所以在造价方面稍高,使用长丝结构生产的地暖系统可以使用片状及碳纤维发热线缆两种方式来应用于木地板和瓷砖工艺,完全解决了传统的施工弊病。长丝碳纤维的优势在于热转换率最高、寿命长、面积自由灵活、无辐射扬尘、环保节能等。碳纤维材料也是今后采暖系统中依据国家倡导的环保节能理念首选的生产材料，施工工艺较烦琐，要求严格。

碳纤维地暖

3.2.3 快装集成采暖地面系统

快装集成采暖地面系统是在结构板地的基础上，以地脚螺栓架空找平，高度控制在 72~92 mm，在地脚螺栓上铺设以轻质地暖模块作为支撑、找平、结合等功能为一体的复合功能模块，然后在模块上加附不同的地面面材，整体形成一体的新型架空地面系统。整个系统高度为 120~140 mm（按实际需求）。即规避了传统以湿作业找平结合的工艺中的多种问题，又满足了部品工厂化生产的需求，构建了装配式装修的地面体系。

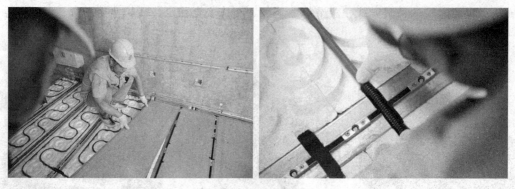

快装集成采暖地面系统

3.3 空气置换系统

3.3.1 风管机

风管机就是风管式空调机，空调连接风管向室内送风，所谓高静压风管机就是风管式空调机。风管机是近几年新兴的一种类型，由于从美观和经济等因素的考虑，风管机在家用空气置换系统中使用也不少。目前普遍采用的是一拖一的风管机，这种机器解决了挂机、柜机裸露在外面影响美观的问题，同时走管长度比普通家用空调要长，安装比较灵活。

风管机　　　　　　　　　　　　风管机设备

3.3.2　中央空调

中央空调是由一台主机通过风道过风或冷热水管接多个末端的方式来控制不同的房间以达到室内空气调节目的的空调。采用风管送风方式，用一台主机即可控制多个不同房间并且可引入新风，有效地改善室内空气的质量，预防空调病的发生。与风管机相比，中央空调技术更先进，耗电低，能效比更高。而且它采用变频技术，更适应未来的发展趋势。

中央空调　　　　　　　　　　　　中央空调

3.3.3　新风系统

新风系统是根据在密闭的室内一侧用专用设备向室内送新风，再从另一侧由专用设备向室外排出，在室内会形成"新风流动场"，从而满足室内新风换气的需要。实施方案是：采用高风压、大流量风机、依靠机械强力由一侧向室内送风，由另一侧用专门设计的排风风机向室外排出的方式强迫在系统内形成新风流动场。在送风的同时对进入室内的空气进过滤、灭毒、杀菌、增氧、预热（冬天）。

新风系统　　　　　　　　　　　　新风系统设备

3.3.4 中央除尘系统

中央除尘系统也叫中央吸尘系统，由吸尘器主机、吸尘管道、吸尘插口、吸尘组件组成。吸尘主机置于室外或建筑物的机房、阳台、车库、设备间内。主机通过嵌至墙里的吸尘管道与每个房间的吸尘插口相连接，连接在墙外只留如普通电源插座大小的吸尘插口，在进行清洁工作时将一根较长的软管插入吸尘插口，灰尘、纸屑、烟头、杂物及有害气体通过严格密封真空管道，将灰尘吸到吸尘器主机的垃圾袋中。任何人、任何时间都可以进行全部或局部清洁，操作简单、方便，避免了灰尘带来的二次污染及噪声的污染，确保了最清洁的室内环境。

中央除尘系统图解

中中央除尘系统设备

3.3.5 智能家居

智能家居是在互联网影响之下物联化的体现。智能家居通过物联网技术将家中的各种设备如音视频设备、照明系统、窗帘控制、空调控制、安防系统、数字影院系统、影音服务器、影柜系统、网络家电等连接到一起，提供家电控制、照明控制、电话远程控制、室内外遥控、防盗报警、环境监测、暖通控制、红外转发以及可编程定时控制等多种功能和手段。

智能家居主要包括电动窗帘、智能灯光场景控制、背景音乐、地暖控制、空调控制、新风系统、吸尘系统、水处理系统、煤气泄漏报警、安防监控、红外幕帘、各种探测器（主动红外探测器、被动红外探测器、移动双鉴探测器、玻璃破碎探测器、烟雾探测器等）、红外对栅、门磁（电子锁）等。

智能家居

3.4 快装给水系统

快装给水系统是指即插水管通过专用连接件实现快装即插，卡接牢固这种新型快装给水的优势是易操作、工效高、质量可靠、隐患少。配合即插式给水连接件，即满足了施工规范要求，又减少了现场的工作量，避免了传统连接方式的耗时及质量隐患。全部接头布置于顶内，便于翻新维护。对比传统装修中管道的定线、开挖沟槽、下管、接口、覆土、试压、冲洗、消毒和工地清扫等全部工作过程，更适合装配式建筑高效的要求。快装给水系统适用于室内任何给水、中水及热水管线系统，布置于结构墙与卫生间饰面层中间，实现了管线分离。

快装给水系统

3.4.1 PPR 管

PPR 供水管又称三型聚丙烯管，是采用无规共聚聚丙烯材料，经挤出成型，注塑而成的新型管材，在室内外装修工程中取代镀锌管。三型聚丙烯管具有质量轻，耐腐蚀，管道阻力小、不结垢，保温节能，使用寿命长的特点。三型聚丙烯管的软化点为 131.5 ℃，最高工作温度可达 95 ℃；其原料分子只有碳、氢元素，没有毒害元素存在，卫生、环保；同时具有较好的抗冲击性能（能承受 5 MPa 的冲击力）和抗蠕变性能；此外，三型聚丙烯管物料还可以回收利用，经清洁、破碎后可再生产管材、管件。

  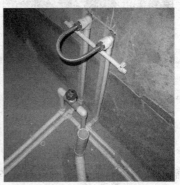

PPR 管及接口

三型聚丙烯管在装修工程中主要用作冷热水供水管，以及在地板、壁板的辐射采暖时使用。管材的连接主要采用热熔或电熔技术，一旦安装打压测试通过，绝不会再漏水，连接强度大于材料本体，可靠度极高。

规格种类：

市面上销售的三型聚丙烯管主要有白色、绿色和灰色三种颜色，其中白色、绿色为材质较好的精品管，灰色则为早期使用的普通管。

三型聚丙烯管的管径从 16 mm 到 160 mm 不等，家装中用到的主要是 20 mm、25 mm 两种（分别俗称 4 分管、6 分管），其中 20 mm 管使用较普遍；成品单根长度为 3 m 或 4 m。

三型聚丙烯管件包括等径直接、异径直接、等径三通、异径三通、22.5 度角弯、45 度角弯、等径角弯、外牙直接、内牙直接、内牙三通、内牙角弯、外牙角弯等。

PPR 供水管及接口

3.4.2 铝塑复合管（PAP）

铝塑复合管又称为 PE-AL-PE（PEX）管，是采用物理复合和化学复合的方法，将聚乙烯（PE）或交联聚乙烯（PEX）处于高温熔融状态，铝管处于加热状态，在铝管和聚乙烯之间再加入一层胶粘剂，形成聚乙烯（PE）或交联聚乙烯（PEX）-胶粘剂-铝管（AL）-胶粘剂-聚乙烯（PE）或交联聚乙烯（PEX）五层结构。五层材料通过高温、高压融合成一体，充分体现了金属材料与塑料的各自优点，并弥补了彼此的不足。

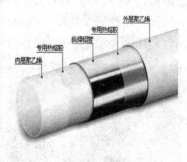

铝塑复合管

铝塑复合管防老化性能好，冷脆温度低，膨胀系数小，防紫外线，在无高热和强紫外线辐射条件下，平均使用寿命在 50 年以上。管道尺寸稳定，清洁无毒、平滑、流量大，而且具有一定的弹性，能有效减弱供水中的水锤现象，以及流体压力产生的冲击和噪声。铝塑复合管与其他管材相比，易于弯曲和伸直，且不反弹，并在变形中无脆性。

规格种类：

铝塑复合管根据材质和用途可分为冷水管（饮用水管，一般为白色或蓝色）、热水管（一般为橙色或白色）、煤气管（一般为黄色）。成卷供应，长度从 50 m 到 200 m 不等。

铝塑复合管的常见尺寸规格有1014（壁厚2 mm，卷长200 m）、1216（壁厚2 mm，卷长200 m）、1418（壁厚2 mm，卷长200 m）、1620（壁厚2 mm，卷长200 m）、2025（壁厚2.5 mm，卷长100 m）、2632（壁厚3 mm，卷长50 m）等，规格中前两位数代表内径，后两位数代表外径，单位毫米（mm）。

3.5 薄法同层排水系统

早在20世纪60年代，欧洲日本就开始运用同层排水技术代替上下层联排水技术，目前已经广泛应用。我国也曾在20世纪60年代进行过少量探索，但中间一度停止。直到20世纪90年代中后期，随着我国经济的发展和人民生活水平的迅速提高，人们对居住环境质量的要求也有了新的理念。同时，《住宅设计规范》（GB 50096—2011）第8.2.8条规定"污废水排水横管宜设置在本层套内"，《建筑给水排水设计规范》（GB 50015—2003）4.3.8条规定"住宅卫生间的卫生器具排水管不宜穿越楼板进入他户"，以上条文都表达了同一个概念，建议住宅中采用同层排水的基本原则。

同层排水是指卫生间内卫生器具排水管（排污横管和水支管）均不穿越楼板进入他户。同层排水是卫生间排水系统中的一个新颖技术，排水管道在本层内敷设，采用了一个共用的水封管配件代替诸多的P弯、S弯，整体结构合理，所以不易发生堵塞，而且容易清理、疏通，用户可以根据自己的爱好和意愿，具有个性化地布置卫生间洁具的位置。它具有房屋产权明晰、卫生器具的布置不受限制、排水噪声小、渗漏水概率小、不需要旧式P弯或S弯等优点。

薄法同层排水是在架空地面下，布置排水管，与其他房间无高差，空间界面友好，同层所有PP排水管胶圈承插，使用专用支撑件在结构地面上顺势排至公区管井。薄法的优势在于空间利用率高、提升居住体验质量、PP材质耐高温耐腐蚀性提高、胶圈承插施工易操作、隐患少、便于在公区集中检修，维修时不干扰下层住户生。管材采用性能更优越的HDPE或PP排水管材，连接方式为便于现场施工和后期维修的橡胶圈承插方式。

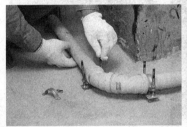  

薄法同层排水系统

3.5.1 硬质聚氯乙烯管（UPVC）

硬质聚氯乙烯排水管材管件是以PVC-U树脂为主要原料，并添加特殊助剂，经挤出或注塑加工而成的塑料制品，适用于水温不大于45 ℃，工作压力不大于0.6 MPa的排水管道，具有质量轻、内壁光滑、流体阻力小、耐腐蚀性好、耐久性好（一般室内50年，室外30年）

等特点,取代了传统的铸铁管,也可用于电线穿管护套。硬质聚氯乙烯排水管材管件中含铅,不能用作供水管道,在施工时,要注意使用专门的PVC胶密封好接缝。

UPVC管

规格种类:

硬质聚氯乙烯排水管有圆形、方形、矩形、半圆形等多种,连接方式有承接、粘结、螺纹连接等,装修施工中常用PVC胶进行粘结。常用圆管外径从20 mm到225 mm不等,壁厚2~10.8 mm,成品长度为4 m或6 m。硬质聚氯乙烯排水管件包括等径直接、异径直接、等径三通、异径三通、等径弯头、P形弯头等。

3.5.2　PP排水管

PP管(聚丙烯),俗称百折胶,是继尼龙之后发展的又一优良树脂品种,它是一种高密度、无侧链、高结晶体的线性聚合物,是一种半透明、半晶体的热塑性塑料。PP具有优良的综合性能,具有高强度、绝缘性好、吸水率低、热变形温度高、密度小、结晶度高等特点。PP管有着良好的耐溶剂、耐油类、耐弱酸、弱碱等性能。

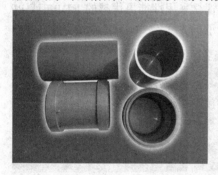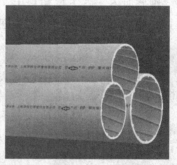

PP管

3.6　其他装饰基础材料

3.6.1　单股电线

单股电线也叫单芯电线、BV电线,有软芯线和硬芯线两种,内部为铜芯或铝芯,外部为

PVC 绝缘套，装修中使用多为铜质硬芯线。单股电线在施工中需要组建回路，并使用阻燃 PVC 线管穿接方可埋入墙面或地面。为了施工时方便区分，单股电线的 PVC 绝缘套有多种色彩，常见的有红、黄、绿、蓝、绿黄双色等，一般红色的用作火线，黄、绿、蓝色的用作零线，绿黄双色线用作地线，也可根据习惯在施工中自己选定。单股电线在使用中表面应光滑，不起泡，外皮有弹性，剥开绝缘套后铜芯有明亮的光泽，柔软适中，不易折断。单股电线一扎长度为 100 m，正负误差 2~3 m。单股电线的型号 BV 表示铜芯布电线（B），聚氯乙烯绝缘套（V）。

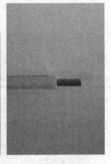

单股电线

单股电线常用规格有截面 1×2、1.5×2、2.5×2、4×2、6×2、10×2 等，在装修施工中，一般灯具照明选用 1.5×2 的，插座选用 2.5×2 的，空调选用 4×2 的，进户线选用 6×2~10×2 的，也可根据功率大小和自身的经济条件在此基础上选用加粗一级的电线。

3.6.2 护套电线

护套电线常见的有二芯、三芯、四芯等电线，包含一根或多根火线，一根零线，有的还包含一根地线，外部有 PVC 绝缘套统一保护。PVC 绝缘套一般为黑色或白色，内部电线为红色或彩色的，有的还在外部绝缘套和电线之间填充氧化镁晶体粉材料加强电线的绝缘作用。护套电线一般在家装施工中很少使用，多用于土建施工工地或厂房中，在使用时可明线安装，也可直接埋入墙面或地面。与单股电线相比，护套电线具有耐高温、防火、防爆、不燃烧（250 ℃时可连续长时间运行，1 000 ℃极限状态下也可作 30 min 的短时间运行），且载流量大、机械强度高、使用寿命长，一般不需要独立接地线的特点。

护套电线

护套电线一扎长度为 100 m，正负误差 2~3 m。护套电线的型号常见的有 BVV 和 BVVR 两种：BVV 表示铜芯布电线（B），聚氯乙烯绝缘（V），聚氯乙烯护套（V），也就是铜芯双胶护套硬电线；BVVR 表示铜芯布电线（B），聚氯乙烯绝缘（V），聚氯乙烯护套（V），软质（R），也就是常说的铜芯双胶多股护套软电线，主要用于转角部位。

3.6.3 电话线

性能特点：

电话线即电话的入户线，属于弱电系统，用于电话信号传输，也可用于 ISDN 和 ADSL 网络连接。常见的电话线都是平行的两路电缆，材质大多为铜、铁、铝，少数的关键性线路会镀锡、镀银，外部为聚乙烯（PE）或聚氯乙烯（PVC）或低烟无卤绝缘护套。为了保证电话信号在传输中衰减小、串扰少，一般都要求具有屏蔽功能，即在电话线的四周有铜丝或铝箔编织成的网状屏蔽结构，其中铜网的性能优于铝网的性能。

规格种类：

电话线每扎的长度为 100 m。电话线常用规格为 2 芯或 4 芯的。普通电话一般使用 2 芯的，也可使用 4 芯的，多余的 2 芯可用作备用；可视电话一般使用 4 芯的。

电话线

3.6.4 网络线

网络线是现代通信中的一种重要材料，属于弱电系统。常见的结构是一种双绞线，即把 4 根绝缘钢丝套上橙、蓝、绿、棕不同颜色的紧套，每根紧套钢丝在以一条白色紧套钢丝相互缠绕，最后裹上一层环保型阻燃聚氯乙烯外套制作而成。

双绞网络线常见的有三类线、五类线和超五类线，以及最新的六类线，前者线径细而后者线径粗。

网络线

3.6.5 闭路线

闭路线是用于传输视频和音频信号的常用线材，是电视播控机房视频系统和电视信号接收端的重要组成部分，它的制作质量的好坏直接影响视频通道的技术指标，属于弱电系统。其结构是选用电阻为 85 Ω 的同轴电缆，也就是铜质导线，外包一层起屏蔽作用的铝网，最后裹上一层环保的聚氯乙烯绝缘套而制成。

闭路线的选用主要是看线的编织层是否紧密，越紧密说明屏蔽功能越好，电视信号也就越清晰，也可看铜丝粗细，铜丝越粗，证明其防磁、防干扰信号性能越好。闭路线每扎的长度为 100 m。

闭路线

闭路线常用规格为 48 网、64 网、75 网、96 网、128 网、160 网，网是铜丝外面包裹的铝丝的根数，它直接决定了传送信号的清晰度和分辨度。其线材一般分为 2P 和 4P，2P 是一层锡和一层铝网，4P 是两层锡和两层铝网。

3.6.6 音响线

音响线又称发烧线，是由高纯度铜或银作为导体制成，用于主音箱及环绕音箱的连接，属于弱电系统。装修中的音箱线主要由大量的铜芯线组成，在工作时为了防止外界电磁干扰，常在铜芯线表面增加铜和锡线网作为屏蔽层,屏蔽层一般厚 1~1.3 mm,外面常为透明的 PVC 绝缘层。音响线可明用,也可暗埋到墙面或地面里,但在暗埋时需穿接 PVC 线管,不能直接埋入墙体或地面。音响线的规格有 50 芯、70 芯、100 芯、150 芯、200 芯、250 芯、300 芯、350 芯等多种,其中使用最多的是 200 芯和 300 芯的。市面上常用"支"来表示,如 100 支就是指 100 芯的音响线,也即是 100 根铜丝组成的音响线。一般主音箱选用 300 芯以上,环绕音箱选用 200 芯的音响线。

 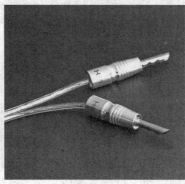 

音响线

3.6.7 PVC 穿线管

PVC 穿线管,主要成分为硬质聚氯乙烯,其表面膜的最上层是漆,中间是聚氯乙烯成分,最下层是背涂胶粘剂。它是当前市场上深受喜爱、颇为流行且被广泛应用的一种合成材料,主要用于穿接各种电线,埋入墙体或构造层,起保护内部电线不受损坏的作用。PVC 穿线管具有比重小、质量轻、安装方便快捷,以塑代钢、卫生、无污染,阻燃、绝缘性能好,使用寿命长达 50 年,抗压能力强、耐腐、防虫等优点。

PVC 穿线管

PVC 穿线管分为 L 型(轻型)、M 型(中型)、H 型(重型)三种;在装修中常见的公称外径包括 16 mm、20 mm、25 mm、32 mm、40 mm 等几种,单根长度从 2.8 m 到 3.8 m 不等,管壁厚度介于 1.0~2.0 mm,正负误差在 0.3 mm 以内。

3.6.8 PVC 天然气管

PVC 天然气管主要用于煤气、液化石油气、天然气的传输。管壁内层为抗撕裂聚氯乙烯，中间为增强层，由高拉力聚酯涤纶线捻度处理后精密编制而成，外层为抗紫外线的耐摩擦聚氯乙烯，以此增强管壁的抗破裂压力，同时减少 PVC 管坚硬的缺点。PVC 天然气管具有耐高压、抗拉伸、耐酸碱、耐腐蚀、外形美观、柔软轻便、经久耐用的特性。PVC 天然气管具有红、黄、绿等多种颜色，常用公称外径 6~15 mm，壁厚 2~6.5 mm，成品长度 15~100 m。

PVC 天然气管

3.6.9 金属软管、角阀

性能特点：

金属软管是工程技术中重要的连接构件，由波纹柔性管、网套、接头结合而成。波纹管是金属软管的本体，起着挠性的作用；网套起着加强、屏蔽的作用；接头起着连接的作用。在流体输送系统及长度、位置和角度补偿系统中作为补偿元件、密封元件、连接元件以及减震元件等。金属软管具有优良的柔软性、耐蚀性、耐高温性（-235~450 ℃）、耐高压性（最高为 32 MPa），在管路中可对任何方向进行连接，用以改变介质输送方向、消除管道间或管道与设备间的机械位移等，双法兰金属波纹软管对有位移、振动的各种阀等的柔性接头尤为适用。

角阀，之所以叫作角阀，是因为它的进水口和出水口是 90 度角相互垂直，而不像其他阀那样直进直出。角阀起到隔断介质，便于维修终端设备的作用，一般用于洗脸盆、厨房水槽、坐厕水箱、热水器的冷热进水管等处。当水管出现意外情况或者多年后发生破裂和漏水，这时就可以就关闭角阀，不影响家里正常用水，同时避免造成经济损失。

金属软管使用的波纹管有两种，一种是螺旋形波纹管，另一种是环形波纹管。环形波纹管由无缝管材或焊接管材加工成型，受加工方式制约，较之螺旋形波纹管，其单管长度通常较短，但环形波纹管的优点是弹性好、刚度小。金属软管的生产以成品管为主，两头均有接头，长度从 200 mm 到 2 000 mm 不等。其按承受压力大小可分为高压、中压、低压管三种类型。在施工中角阀一般与金属软管配套使用，材质多为铜芯或陶瓷芯，连接形式为螺纹连接。角阀的外观形状可根据个人爱好进行选择。

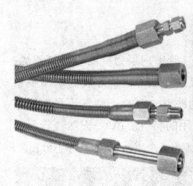  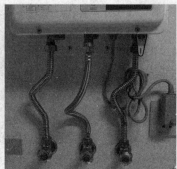

金属软管、角阀

4 地面、墙面及顶棚装饰材料

建筑装饰系统包括楼地面装饰系统、墙柱面装饰系统及顶棚装饰系统三个部分。

4.1 墙地面装饰系统常用材料

墙地面装饰系统是楼地面装饰系统和墙柱面装饰系统的合称。

（一）楼地面装饰系统及装饰要求

楼地面装饰是建筑物的底层地面和楼层地面的总称，是人们日常生活、工作、生产、学习时必须接触的部分，也是建筑中直接承受荷载，经常受到摩擦、清洗和冲洗的部分。因此，在材料的使用上除了要符合人们使用功能的要求外，还须考虑人们在精神上的追求和享受，做到美观、舒适。楼地面装饰应满足以下几点：

（1）创造良好的空间气氛。

室内地面与墙面、顶棚等的材料选用应进行统一设计，将室内的色彩、肌理、光影等综合运用，以便与室内空间的使用性质相协调。

（2）具有足够的坚固性，保护结构层。

保护结构层是楼地面饰面应满足的基本要求。装修后的地面应当不易被磨损、破坏，表面平整光洁，易清洁，不起灰。同时，装修后的饰面层对楼地面的结构层应起到保护作用，以保证结构层的使用寿命与使用条件。

（3）满足正常使用要求。

从人的使用角度考虑，人们使用房屋的楼面和地面，因房间的不同而有不同的要求。对于居住和人们长时间停留的房间，要求面层具有较好的蓄热性和弹性；对于厨房和卫生间等房间，则要求耐火和耐水等；对于人流量大的空间，应考虑地面的耐磨程度和易清洁性。

从保温隔声的角度考虑，这类地面要用有一定弹性的材料或用有弹性垫层的面层；对音质要求高的房间，地面材料要满足吸声的要求。

从弹性的角度考虑，弹性材料的变形具有吸收冲击能量的性能，因此，人在具有一定弹性的地面上行走，感觉比较舒适，对于一些装饰标准较高的建筑室内地面，应尽可能地采用具有一定弹性的材料作为地面的装饰面层。

从装饰的角度考虑，楼地面饰面材料的图案与色彩，对烘托室内环境气氛具有一定的作用；楼地面饰面材料的质感，可与环境构成对比统一的关系。例如，环境要素中质感的主基调若精细，楼地面饰面材料选择应选择较粗的质感，则可产生鲜明的效果。可见，处理好楼地面的装饰效果与功能之间的关系，必须考虑所选装饰材料的规格、性能、色彩、图案、质感等的效果。

装配式装修样板间

在遵循装配式装修安全、适用、经济、美观的原则并符合节能、节地、节水、节材和环境保护的原则的前提下，装配式装修中楼地面采用干法施工，在楼地面上架设一定高度的架空夹层。夹层内主要布置给排水管线、采暖管线、电气管线等。装修层和承载层之间、从上至下依次设有过渡层、地面采暖层和架空层；所述的架空层包括安装在地采暖层和承载层之间的高度可调整的地脚螺栓，在架空层内铺设有管线系统。管线分离施工、干法施工有利于装饰工程后期的使用维护与管理。专用地面架空系统由支撑脚、承压板组成地面装饰的基层系统。支脚（如图）由改性聚丙烯材料构成，分为上盖和底座两部分，通过各自的外牙螺扣和内牙螺扣连接在一起，高度可调整，是地面架空系统的支撑构件。支撑脚为支撑点，形成点式龙骨，通过对每一个支撑点（即支撑脚）进行高度调整，形成标高一致的支撑面，在支撑面上安装基层承压板或条型龙骨，形成装饰基层面，在装饰基层上可铺装多重饰面材料。

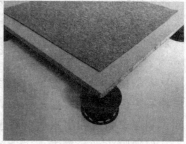

支　脚

（二）墙柱面装饰系统及装饰要求

墙柱面作为室内空间的临界面，是人眼的正视面。由于墙柱面处于视觉的中心位置，因此对营造室内环境气氛具有举足轻重的作用。墙柱面的色彩、图案、材料质感等使室内空间装饰效果具有独特魅力。墙柱面装饰要保证它的使用功能，如坚固、防潮、隔声、吸音、保温、隔热，对结构层有保护作用外，主要是体现出艺术性、美的原理，突出主人的个性，达到特定的意境。不同区域空间的墙柱面，因使用目的不同，所选用的材料不同，达到的装饰效果也不同。通过墙柱面装饰可以增强墙体的坚固性、耐久性，延长墙体的使用年限，改善墙体的使用功能，提高墙体的保温及隔热和隔声能力等。

装配式建筑中对于墙柱面材料采用块材式处理方式，将材料首先加工成模块化，在传统的砌块隔墙及分户墙的基础上，替代了传统的墙面湿作业，实现了饰面材料的装配式安装。在传统墙面上以丁字胀塞及龙骨找平，在找平构造上直接挂板，形成装饰面，提高安装效率和精度，即快装墙面挂板系统。

快装墙面挂板系统

为提高现场装配率，提倡可持续发展。楼地面与墙柱面均采用绿色、节能、低耗的新型复合板材，并饰以石材、木材、陶瓷等仿真图案、肌理等。也可以预装墙板基板，基板表面饰以常见装修材料，增加材质变化与质感。避免现场湿作业，大幅度缩短现场施工时间200%，饰面仿真性高、无色差、适应不同环境，墙板可留缝、可密拼、免裱糊、面铺贴、施工环保、即装即住。

长期以来，依然有很多装饰工程如水磨石地面等在我国各地广泛应用，但也明显地表露出其不足之处，如操作技术高、湿作业量大、能源消耗大、部分作业还带来污染等问题。随着国民生活水平的提高，新材料、新工艺的广泛应用，水磨石地面、装饰抹灰、花纹人造板等建筑装饰材料已渐从我们视线中淡出。而伴随着国家对新型材料的开发和利用，将会有更多的新型材料出现在装饰装修领域中。建筑装饰材料经过工厂预生产后在现场组装，应用装配式施工相适应的技术，利用设备和机具，现场进行装配施工。这样以机电设备协同施工，通过标准化、集成化、模块化的装修模式，达到一体化装修效果。

4.1.1 石　材

建筑装饰用石材具有良好的抗压强度、耐久性、抗冻性、耐磨性、很好的硬度和丰富的天然纹理，特别是天然石材，天然浑厚，华贵而坚实，成为近几年建筑装修中不可缺少的材料。石材用于楼地面，主要包括各类天然石材和人造石材，包括大理石、花岗石、青石板、微晶玻璃型人造石等，用于墙柱面装饰的石材还有砂岩、文化石、大理石复合板、透光石等。

4.1.1.1 天然大理石

性能特点：

大理石是大理岩的俗称，加工后表面常呈纹理状。大理石质地密实、细腻，色彩艳丽，花纹颜色品种多，抗压强度较高，吸水率低，耐久性好，一般使用年限40~150年，是极具装饰性的中等硬度的碱性石材，常用于楼地面和墙柱面装饰。

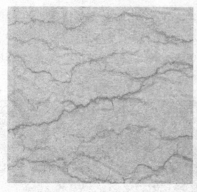  

天然大理石

天然大理石的色彩花纹主要有云灰、纯色和彩花三大类。

规格种类：

天然大理石板材按形状分为普型板[又称定形板（PX）]、圆弧板（HM）、异形板（YX）。天然大理石为优等品（A）、一等品（B）和合格品（C）三个等级。

规格尺寸：长度一般取 300～1 220 mm；宽度一般取 150～900 mm；厚度一般厚板取 10～30 mm，国际和国内通用厚度为 20 mm，薄板厚度常见的有 8 mm、7 mm 等。

4.1.1.2　天然花岗石

天然花岗石

性能特点：

花岗石是花岗岩的俗称，外观呈均匀粒状、颜色深浅不同的斑点样花纹，其颜色主要有正长石的颜色和云母、暗色矿物等造岩物质的分布情况而定。

花岗石在室内外装饰工程中应用广泛，具有良好的硬度，抗压强度高，耐磨性好，抗冻、耐酸、耐腐蚀，不易风化，表面平整光滑，色泽稳重、大方，一般使用年限数十年至数百年，是一种较高档的装饰材料。花岗石耐火性较差，材质为脆性。花岗石产于地表深处，硬度大，开采困难，且具有一定的放射性，不宜室内大面积使用。常用于楼地面和墙柱面。

规格种类：

天然花岗石板材按形状可分为普型板材（PX）、圆弧型板材（HM）和异型板材（YX）。按其表面平整加工程度可分为亚光板材（YG）、镜面板材（PL）、粗面板材（RU）三类，分为优等品（A）、一等品（B）和合格品（C）三个等级。

天然花岗石的规格尺寸可加工，铺设室内地面的厚度为 20~30 mm，长度一般取 300~700 mm，宽度一般取 200~500 mm；用于室外装饰时，常选用的规格为 1 067 mm×762 mm×20 mm，915 mm×610 mm×20 mm，610 mm×610 mm×20 mm。一般都制成厚度为 20 mm 的厚板，厚度小于 10 mm 的薄板很少采用。

4.1.1.3 青石板

青石板

性能特点：

青石板属板石类的一种，常用青石板的色泽为豆青色和深豆青色以及青色带灰白结晶颗粒等多种。材质软、易风化，其风化程度及耐久性随岩体埋深情况差异很大；易撬裂成片状青石板，可直接应用于建筑；抗压强度及耐久性均较理想，可加工成所需的板材；青石板质地密实，强度中等，易于加工，可采用简单工艺凿割成薄板或条形材，是理想的建筑装饰材料。用于建筑物墙裙、地坪铺贴、墙面、庭院栏杆（板）、台阶等，具有古建筑的独特风格。

规格种类：

青石板按表面处理形式可分为毛面（自然劈裂面）青石板和光面（磨光面）青石板两类。

青石板的规格主要是根据设计要求进行定做，市场上常见的尺寸有 100 mm×100 mm，200 mm×300 mm，300 mm×600 mm，400 mm×800 mm，厚度一般 20 mm 左右。

4.1.1.4 砂岩

砂岩　　　　　　　　砂岩　　　　　　砂岩文化石墙面

性能特点：

砂岩由石英颗粒（沙子）形成，结构稳定，通常呈淡褐色或红色。砂岩是使用最广泛的一种建筑用石材。几百年前用砂岩装饰而成的建筑至今仍风韵犹存，如巴黎圣母院、卢浮宫等，色彩花纹主要有白砂岩、黄砂岩、木纹砂及山水纹砂等几个品种。砂岩是一种生态环保石材，具有无污染、无辐射、无反光、不风化、不变色、吸热、保温、防滑等特点。因砂岩易吸水所以抗冻融性不好，又因质地较松散（密度小）所以不耐磨，人流量较大的地方不建议用砂岩做地面，北方不建议在室外用砂岩做地面。

规格种类：

砂岩板材按形状分为普通板[又称规格板（PX）]、圆弧板（HM）、异形板（YX）。砂岩的规格尺寸：长度一般取 300~1 220 mm；宽度一般取 150~900 mm；厚度一般厚板取 10~30 mm，国际和国内通用厚度为 20 mm，薄板厚度常见的有 8 mm、7 mm 等。

4.1.1.5 大理石复合板

底板蜂窝板

底板陶瓷

底板玻璃

大理石复合板，是一种将大理石与其他材质的板材复合在一起的特殊板材，它不但从资源上节省成本，还提高了大理石的性能特点。大理石复合板有质量轻、强度大、平整度高、隔音隔热效果好、抗震性强、防火、防化学腐蚀、抗风化、耐气候等特点。此外，它安装简便，省时省力省料，总安装成本低，是目前幕墙材料的最好产品，极其适合于高层建筑、地震带建筑等场合。

大理石复合板因其复合的底板不同，性能特点有了较大的区别。根据不同的使用要求和使用部位就要采用不同底板的复合板。常见的底板有瓷砖、花岗石、铝塑板、蜂窝板。其中底板用瓷砖、花岗石、硅酸钙板的大理石复合板几乎与通体板的使用范围相同。如果大楼有特殊的承重限制，这几种复合板就更有用武之地，不但质量轻，强度也提高了许多。底板用铝蜂窝板为材的大理石蜂窝板的特殊性能使其在外墙、内墙的干挂用途上更加具备发挥的空间，一般用于大型、高档的建筑，如机场、展览馆、五星级酒店等。而且还可以做成弧形和圆柱复合板，其优良的性能，在许多干挂墙面材料的选择上受到青睐。

常规尺寸有：800×800/600×600/600×300/300×300（mm×mm）。厚度有：10/12/15 mm。

4.1.1.6 复合型人造石

性能特点：

复合型人造石采用了无机和有机两类胶凝材料。先用无机胶凝材料（各类水泥或石膏）将填料粘结成型，形成胚体，再将胚体浸渍于有机单体中（苯乙烯、醋酸乙烯等），使其在一定条件下聚合而成。

复合型人造石

对于复合型人造石板材而言，也就是底层用价格低廉而性能稳定的无机材料，面层是厚度为 2 mm 以上的有机树脂和不同级配石料混合的树脂砂浆固化物，花纹、色泽主要为仿花岗石纹理。该复合制品既能逼真地展现天然花岗石纹理、质感，又具有较好的稳定性。

规格种类：

复合型人造石的规格尺寸可根据设计要求加工，常为 300 mm×300 mm，600 mm×600 mm。

4.1.1.7 微晶玻璃型人造石（烧结型人造石）

微晶玻璃型人造石

性能特点：

微晶玻璃型人造石又称微晶板或微晶石，是采用天然无机材料，经高温烧结晶化而成的一种质地坚实致密的玻璃陶瓷类仿石材料。该人造石具有天然石材的柔和光泽，色差微小，有较高的硬度与机械强度，由于不到1%的吸水率，表现出极好的抗冻性能，耐酸碱、耐腐蚀、抗污染、抗老化性能好，可制成平板与曲板。

微晶玻璃型人造石抛光板的表面光洁度大于天然石材，但是由于特殊的微晶结构，光线不论由任何角度射入，都产生均匀和谐的漫反射效果，形成自然柔和的质感。而且该人造石是一种特殊高温工艺而成的均质材料，根除了天然石材常见的断裂纹的出现。同时该人造石材由不含放射性的材料合成，是一种环保石材。

规格种类：

微晶玻璃型人造石根据表面处理形式不同有镜面板（JM）与亚光板（YG）之分，按形状分为普型板（P）和异型板（Y）。

微晶玻璃型人造石的常用尺寸：厚为 12～20 mm，可配合施工要求调整；宽度一般为 600～1 600 mm，长度一般取 1 200～2 800 mm。

根据建材行业标准（JC/T 872—2000），按板材的规格尺寸允许误差、平面度允许误差、角度允许公差和光泽度分为优等品（A）、合格品（B）两个等级。

4.1.1.8 人造文化石

人造文化石是模仿天然石材的外形纹理，采用硅钙、石膏等材料精制而成，一般模仿条石、面包石、城墙石、风化石、鹅卵石、混合纹理石、海岛石等制作。具有质地轻、色彩丰富、不霉、不燃、便于安装、不褪色、耐腐蚀、耐风化、强度高、抗冻与抗渗性好、绿色环保、防尘自洁功能、免维护保养等优点。

人造文化石

4.1.1.9 石英石

石英石

通常我们说的石英石是一种由 90% 以上的石英晶体加上树脂及其他微量元素人工合成的一种新型石材。它是通过特殊的机器在一定的物理、化学条件下压制而成的大规格板材，它的主要材料是石英。石英石其石英含量高达 94%，石英晶体是自然界中硬度仅次于钻石的天然矿产，其表面硬度可高达莫氏硬度 7.5，远大于厨房中所使用的刀铲等利器，不会被其刮伤，因此常用于厨房台面；耐酸碱、耐腐蚀、无需维护和保养；具备人造石等台面无法比拟的耐高温特性；可与食物直接接触，安全无毒，常用于橱柜台面、窗台台面、地面等。地面使用需要选着 20 mm 或 30 mm 厚度的。

4.1.1.10　透光石

透光石（又称"人造石透光板"）是一种新型高档的复合饰材，具有透明、透光的质感和多元化色彩，能将单调枯燥的平面巧妙地幻化为立体的视觉艺术。

透光石属于复合人造石材的一种，分量轻、硬度高、耐油、耐脏、耐腐蚀、板材不变形、防火抗老化、抗渗透等特点，可根据客户的需求随意弯曲，无缝粘接，真正达到浑然天成。透光石幅面宽、长度长、强度高、无辐射性，可广泛适用于宾馆、酒店、商务大厦、KTV、咖啡厅等场所及家庭用于制作透光幕墙、顶棚、透光家具、各种台面、透光灯罩、灯饰、灯柱、工艺品等。

透光石

4.1.1.11　石材马赛克

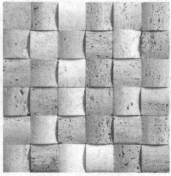

石材马赛克

石材马赛克是将天然石材开介、切割、打磨成各种规格、形态的马赛克块拼贴而成的马赛克，是最古老和传统的马赛克品种，最早的马赛克就是用小石子镶嵌、拼贴而成，石材马赛克具有纯自然、天然的质感，有非常自然的天然石材纹理，风格自然、古朴、高雅，是马赛克家族中档次最高的种类，根据其处理工艺的不同，有哑光面和亮光面两种形态，规格有方形、条形、圆角形、圆形和不规则平面、粗糙面等。用这种材料装饰墙壁或者地面，既保留了天然石材本身的质朴感，又使图案丰富。

天然大理石马赛克是采用机切成很小颗粒，纯手工拼制而成，由于马赛克材料具有耐久性，不会因环境时间而剥落、变色，属于高档装饰产品，色泽纯正，典雅大方，具有经久耐用、永不褪色的特点。广泛应用于各类建筑装修、室内装饰，是理想的高档装饰产品。

4.1.2 陶 瓷

陶瓷砖是由黏土和其他无机非金属原料,经成型、烧结等工艺生产的板状或块状陶瓷制品,用于装饰与保护建筑物、构筑物的墙面和地面。建筑装饰用陶瓷制品坚固耐用,又具有色彩鲜艳的装饰效果,加之耐水、耐火、耐磨、耐腐蚀、易清洗、易于施工,因此得到日益广泛的应用。玻化砖、仿古砖、陶瓷马赛克、通常可用于楼地面和墙柱面,釉面内墙砖、陶瓷外墙砖等只能用于墙柱面。

4.1.2.1 玻化砖

玻化砖

性能特点:

玻化砖,也叫玻化石,属于通体砖的一个种类,又称为瓷质砖。它由石英砂、泥按照一定比例烧制而成,然后用专业磨具打磨光亮,表面如玻璃镜面样光滑透亮,属陶瓷制品中的抛光砖的一种,但它的生产技术高于普通意义上的抛光砖。简单地说,玻化砖就是烧透的砖,即全瓷的陶瓷产品。

玻化砖表面具有玻璃一样的质感与光泽,装饰效果好,结构非常致密,在吸水率、边直度、弯曲强度、耐酸碱性等方面都优于普通釉面砖及一般的大理石,又因为此种砖大多仿大理石的花色,纹理比天然大理石的纹理分布更加一致和匀称,所以深受大众的喜爱,用于楼地面及墙柱面装饰。

目前,玻化砖中的新产品超微粉、刚玉石、微晶玉等产品进一步提高了同类产品的质量,颗粒单位体积小于 0.01 mm^3,只相当于一般抛光砖原料颗粒的 1%~5%。它们的问世,大大改善了传统的抛光砖花色图案单调、呆板,是未来抛光砖产品的发展方向。

规格种类:

玻化砖常见边长规格为 600 mm、800 mm、1 000 mm、1 200 mm 等,厚度为 8~12 mm,特殊规格可以定制生产。

玻化砖根据其工艺不同分为:渗花、多管布料、超微粉、刚玉石、微晶玉等。不同的处理工艺,其抗污性、吸水性都不同。以上工艺中,渗花工艺各项理化性能最弱,多管布料较渗花稍强,超微粉和刚玉石(两种工艺理化性能差不多)又较多管布料强,微晶玉各项理化性能都最强,号称"零渗透",不过价格较昂贵。

4.1.2.2 仿古砖

仿古砖

性能特点：

仿古砖，又可称为仿古效果砖。仿古砖是运用现代瓷质生产技术制造的具有古典风格及古旧外表的炻质砖，普通仿古砖的釉以哑光为主，色调则以黄色、咖啡色、暗红色、土色、灰色、灰黑色等为主。

仿古砖从彩釉砖演化而来，通常指的是有釉装饰砖，其坯体可以是瓷质的，也可以是炻瓷、细炻和炻质的。与普通的釉面砖相比，仿古砖技术含量要求相对较高，数千吨液压机压制后，再经千度高温烧结，使其强度高且有极强的耐磨性，兼具了防水、防滑、耐腐蚀的特性。仿古砖仿造以往的样式做旧，用带着古典的独特韵味吸引人们的目光，为体现岁月的沧桑、历史的厚重，通过样式、颜色、图案，营造出怀旧的气氛。

规格种类：

图案以仿木、仿石材、仿皮革为主，也有仿植物花草、仿纺织物、仿墙纸、仿金属等。

墙面用仿古砖的规格通常有：300 mm×300 mm、300 mm×600 mm、400 mm×300 mm。通常情况下，高档次的墙面用仿古砖都有与之相应配套的仿古地砖。

4.1.2.3 陶瓷马赛克

陶瓷马赛克

性能特点：

陶瓷马赛克也称陶瓷锦砖，采用优质瓷土烧制而成，可上釉或不上釉，我国使用的产品一般不上釉。马赛克的规格较小，曾经预先反贴于牛皮纸上（正面与纸相粘），故又俗称"纸皮砖"。但是现在背面以塑料网来固定。

马赛克质地坚实，具有不吸水、耐酸、耐碱、耐火、耐磨、不渗水、易清洗、抗急冷急热等特点。同时，色彩鲜艳，色泽稳定，可拼出风景、动物、花草及各种抽象图案。马赛克规格小，不易踩碎，故常用于门厅、餐厅、厨房、厕所、浴室、实验室等的地面或墙面装饰。

规格种类：

马赛克单片砖常见规格一般不大于 50 mm，通常是 18.5 mm、39.0 mm 见方，或 18.5 mm×39.0 mm 长方，或 25.0 mm 六角形等多种，厚度一般为 4~5 mm，马赛克单片砖颜色有白、蓝、黄、绿、褐色等，砖联分单色与拼花两种。

4.1.2.4 渗花砖

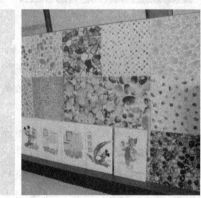

渗花砖

性能特点：

渗花砖属于瓷质抛光砖（玻化砖）的一个系列，是瓷砖煅烧后再在砖面布一种特殊的色料，是砖的花纹渗透到砖体中，然后经过高温高压烧制后，将砖面打磨抛光而成。渗花砖是属于最成熟的技术含量相对较低的玻化砖产品，价格相对于其他的系列产品要低。渗花砖的装饰效果富丽豪华、金碧辉煌、素洁淡雅、清新自然，集天然花岗岩、天然大理石、彩釉砖的装饰效果于一身。色彩图案具有良好的耐磨性，用于铺地经长期磨损而不脱落、不褪色，纹理流畅，款式花样最多，选择余地大。渗花砖作为铺地材料适用于家庭商业建筑、写字楼、饭店、娱乐场所、车站等室内外地面装饰。

规格种类：

渗花砖常用的规格有 300 mm×300 mm，400 mm×400 mm，450 mm×450 mm，500 mm×500 mm 等，厚度为 7~8 mm。

4.1.2.5 釉面内墙砖

性能特点：

陶质砖可分为有釉砖和无釉质砖两种，在内墙铺贴装饰中，以有釉质砖即釉面内墙砖应用最为普遍。釉面砖正面有釉，背面有凹槽纹，主要为正方形或长方形砖。釉面砖热稳定性好，防火、防潮、耐酸碱、表面光滑、易清洗。主要用作厨房、浴室、卫生间、实验室、精密仪器车间及医院等室内墙柱面、台面饰面材料，清洁卫生，美观耐用。

釉面内墙砖

釉面陶质砖过去以白色的为多，近年来花色品种发展很快，目前市场上常见的品种及特点见表 4-1。

表 4-1　釉面陶质砖的主要品种及特点

种　类		特点说明
白色釉面砖		色纯白，釉面光亮，粘贴于墙面，清洁大方
彩色釉面砖	亮光彩色釉面砖	釉面光亮晶莹，色彩丰富雅致
	亚光彩色釉面砖	釉面半光，不晃眼，色泽一致，柔和
装饰釉面砖	花釉砖	系在同一砖上施以多种彩釉，经高温烧成，色釉互相渗透，花纹千姿百态，有良好的装饰效果
	结晶釉砖	晶花辉映，丰富多彩
	斑纹釉砖	斑纹釉面，丰富多彩
	大理石釉砖	具有天然大理石花纹，颜色丰富
图案砖	白地图案砖	系在白色釉面砖的基础上装饰各种图案，经高温烧制而成，纹样清晰，色彩明朗
	色地图案砖	系在亮光或亚光色釉面砖上装饰各种图案，经高温烧制而成，产生浮雕、缎光、绒毛、彩漆、木纹、墙纸等效果，做内墙饰面
瓷砖画及色釉陶瓷字砖	瓷砖画	以各种釉面砖拼成各种瓷砖画，或根据已有画稿经高温烧制而成，拼装成各种画面，永不褪色
	色釉陶瓷字砖	以各种色釉、瓷土烧制而成，色彩丰富，永不褪色

规格种类：

墙面砖形状一般为的正方形和长方形，规格为（长×宽×厚），市场上常见的规格有 200 mm×200 mm×5 mm、200 mm×300 mm×5 mm、250 mm×330 mm×6 mm、330 mm×450 mm×6 mm 等。另外，为了配合建筑物内部阴、阳转角处的贴面及台度贴面等要求，高档砖有还配有阴角、阳角、压顶条、腰线砖、花片砖等有彩釉装饰的配件砖。其中腰线砖（如下图）的常见尺寸为 60 mm×200mm、80 mm×200 mm 等。

陶瓷腰线

4.1.3 木 材

木材作为建筑装饰材料，具有许多优良性能，如轻质高强、有较高的弹性和韧性、耐冲击、易加工、保温性好、装饰性好等。楼地面与墙柱面通用的木质制品有实木地板、实木复合地板、软木地板、竹地板、强化复合地板、防腐木等。这些用于地面的木质制品用于墙面也有出众的装饰效果。随着人们科技和环保意识的增强，目前人造板材在装饰中的使用已成为主流不仅质量稳定性、图案众多，价格也相对较低。在墙柱面装饰装修中，人造板材更是被广泛地应用于墙面、墙裙、踢脚线等。

4.1.3.1 实木地板

实木地板又名原木地板，是用实木直接加工成的地板。它具有木材自然生长的纹理，是热的不良导体，能起到冬暖夏凉的作用，脚感舒适，使用安全的特点，是卧室、客厅、书房等地面装修的理想材料。实木的装饰风格返璞归真，质感自然，在森林覆盖率下降，大力提倡环保的今天，实木地板则更显珍贵。实木地板分 AA 级、A 级、B 级三个等级，AA 级质量最高，具有无污染、热导率小、能抵抗细菌的特点，适用于中高档建筑地面装修。实木地板分条木地板和拼花地板两种。

实木地板

实木地板的板材通常选用常年生树木的心材部分，性能稳定、不易变形，如柞木、水曲柳、柚木、紫檀木等。根据铺设要求，地板拼缝处可做成平口、企口、错口、指接等形式，适用于体育馆、练功房、舞台、高级住宅的地面装饰。近年来，地板上墙也给墙面装饰带来别出心裁的创意。实木地板的规格较多，一般有：450 mm×60 mm×16 mm、750 mm×60 mm×16 mm、750 mm×90 mm×16 mm、900 mm×90 mm×16 mm 等。

4.1.3.2 实木复合地板

实木复合地板

性能特点：

实木复合地板是利用珍贵木材或木材中的优质部分以及其他装饰性强的材料作表层，材质较差或质地较差部分的竹、木材料作中间层或底层，构成经高温高压制成的多层结构的地板。实木复合地板表面采用名贵树种，强调装饰性与耐磨性，底面强调平衡，中间层用来开具榫槽与榫台，供地板间拼接，因多层木纤维互相交错，提高了地板抗变形能力，不易变形、开裂，弥补了实木地板的不足。

实木复合地板继承了实木地板典雅自然、脚感舒适、保温性能好的特点，克服了实木地板因单体收缩容易起翘裂缝的不足，且防虫、不助燃、不易反翘变形，从保护森林资源角度看，它是实木地板的换代产品，同时避免了强化复合地板甲醛释放量偏高，脚感生硬等弊端。

实木复合地板的缺点在于品种差异较大，内在质量不易鉴别，耐磨性不如强化复合地板高，同时工艺要求较高。实木复合地板主要适用于会议室、办公室、实验室、中高档的宾馆、酒店等地面铺设。

规格种类：

实木复合地板按结构可分为三层实木复合地板、多层实木复合地板、细木工板复合地板。

实木复合地板的表材常用品种有红松、水曲柳、桦木、柞木、柚木、栎木等，许多进口优质树木也被制成实木复合地板，相比实木地板具有更多更稀有的木纹样式。企口地板条的规格有（300~400）mm×（60~70）mm×18 mm、（500~600）mm×（70~80）mm×20 mm、（2 000~2 400）mm×（100~200）mm×（20~25）mm 等；地板块的规格有（200~500）mm×（200~500）mm×（12~20）mm、600 mm×600 mm×（22~25）mm。

4.1.3.3 强化复合地板

性能特点：

强化复合地板是以一层或多层装饰纸浸渍热固性氨基树脂，铺装在中密度刨花板或高密度刨花板等人造基板表面，背面加平衡层，正面加耐磨层经热压而成的人造复合地板。强化复合地板的装饰层也称饰面层，可设计成各种花纹图案，如仿各种高级名贵树木、仿大理石和图案印花等，由于色彩仿真使其具有强烈的装饰效果和多样选择性；保护层又叫表层，也称耐磨层，是保护装饰图案花色不受磨损，保证地板经久耐用的一层特殊材料，如三聚氰胺甲醛树脂、三氧化二铝等。

强化复合地板

强化复合地板规格尺寸大，具有坚硬耐磨、阻燃、防潮、防虫蛀、防静电、耐压、安装方便、保养简单等性能，能经受 160 ℃ 的高温不损坏，但不耐强酸、强碱及强化学剂；与实木地板相比，该种地板由于密度较大，所以脚感稍差；同时强化复合地板可修复性差，一旦损坏，必须更换。强化复合地板代替实木地板使用，适用于住宅和游乐、商场、健身房、写字楼、车间、实验室等公共场所的地面铺设。使用时，注意防水，因浸水造成的发泡无法修复。

规格种类：

强化地板分为优等品、一等品、合格品。实木复合地板和强化复合地板甲醛含量有 E2、E1、E0 三个级别，一般达到 E1 级别就是符合国家质量标准的。很多厂家都推出了号称达到国际最高环保标准——日本 F☆☆☆☆认证的强化复合地板产品。F☆☆☆☆认证是目前国际上最高的环保标准，其测试严格程度是国内 E0 标准的数倍，可以说达到 F☆☆☆☆的产品在环保性上是不需要担忧的。

强化复合地板的常见厚度为 8 mm、12 mm；长宽尺寸：1 200 mm×200 mm，1 200 mm×300 mm，920 mm×90 mm；方形尺寸：400 mm×400 mm；用于公共场所要求耐磨系数达到 9 000 转以上，住宅场所耐磨性需要在 6 000 转以上。

4.1.3.4 竹地板

性能特点：

竹地板是用优质天然竹材料（主要采用的是毛竹）加工成竹条，经特殊处理后，在压力下拼成不同宽度和长度的长条，然后刨平、开槽、打光、着色、上多道耐磨漆制成的带有企口的长条地板。

竹地板自然、清新、高雅，具有竹子固有的特性：经久耐用、耐磨、不变形、防水、脚感舒适、易于维护及清扫。与木地板相比，竹地板色差小，具有丰富的木纹，而且色泽均匀，表面硬度高；同时竹子向一方弯曲的特性对减少竹地板的伸缩性也有着一定的帮助。

 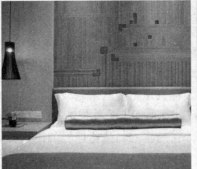 

竹地板

竹地板的缺点在于受日晒和湿度的影响会出现分层现象；原材料的利用率低，产品价格较高；此外，竹材遇湿和合适温度（南方的黄梅天）容易发霉变质，所以竹地板更适于在北方干燥的地方使用，在南方潮湿地方使用一般需将地板块进行六面封漆处理，保证竹材的干燥。竹地板是目前可选用的地面材料中的高档产品，适用于宾馆、办公楼、住宅等的地面铺设。

规格种类：

竹地板按外形分为条形、方形、菱形、六边形；按颜色分有本色、漂白色、碳化色三种；按结构分为多层胶合竹地板、单层侧拼竹地板和竹木复合地板。

竹地板常见规格为 960 mm×96 mm、1 820 mm×96 mm，厚度分别有 10 mm、12 mm、15 mm、18 mm。

4.1.3.5 软木地板

  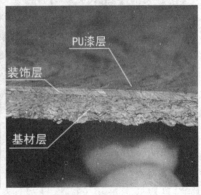

软木地板

性能特点：

软木是栓皮栎的保护层，栓皮栎的栓皮厚而软，用来制作红酒塞及软木地板或软木墙板。软木素有"软黄金"之称，具有密度低、可压缩、有弹性、不透气、隔水、防潮、耐油、耐酸、减震、隔音、隔热、阻燃、绝缘、耐磨等一系列优良特性。软木地板被称为是"地板的金字塔尖上的消费"。软木地板结构合理、尺寸稳定性好，在温度、湿度剧烈变化的情况下也不裂不翘，不腐不蛀，既适合用于干燥寒冷的北方，也适用于潮湿炎热的南方；软木地板吸音、隔音、降噪，特别适宜于铺装在录音棚、会议室、图书馆、阅览室、老年人居所、电教室和高层建筑中，蜂窝状的细胞结构成就了软木地板"天然吸音器"的美名；保温隔热性能好，耐热范围为-60 ℃至80 ℃。

规格种类：

目前软木地板主要有3种：

第一种是纯软木地板，厚度为 4~5 mm，很像是防潮垫，从花色上看非常粗犷、原始，并没有固定的花纹，它的最大特点是用纯软木制成，质地纯净，非常环保。它的安装方式采用粘贴式，即用专用胶直接粘贴在地面上，施工工艺比较复杂，对地面的平整度要求也较高。

第二种是软木静音地板，它是软木与强化地板的结合体，是在普通强化地板的底层增加了一层2 mm左右的软木层，它的厚度可达到13.4 mm。当人走在上面时，最底层的软木可以吸收一部分声音，起到降音的作用，因为有足够的厚度，脚感也非常好。

第三种是软木地板，是目前世界上最先进、最有特色的产品之一。从剖面上看有3层，表层与底层均为天然软木精制而成，中间层夹了一块带企口（锁扣）的HDF板，厚度可达到11.8 mm。同时这种地板用世界上最先进的设备和工艺在软硬结合的材质上，独特地运用了锁扣技术，充分保证了地板拼接的严密和平整，可直接采用悬浮式铺装法。

软木地板的具体尺寸可视客户要求定制，市场上常见的锁扣式规格有902 mm×298 mm×10 mm、915 mm×305 mm×11 mm等。

4.1.3.6 防腐木

防腐木

性能特点：

防腐木是专门用于户外环境的露天木地板，并且可以直接用于与水体、土壤接触的环境中，是户外木地板、园林景观地板、户外木平台、露台地板、户外木栈道及其他室外防腐木凉棚的首选材料，也可以用于装饰墙面、顶棚等。

在我国，防腐木地板的主要木材是樟子松。防腐木是采用防腐剂渗透并固化木材后制成的，具有防腐烂、防白蚁、防真菌的功效。防腐木除了传统的防腐剂处理外，还有一种没有防腐剂的防腐木——深度炭化木，又称热处理木。炭化木是将木材的有效营养成分炭化，通过切断腐朽菌生存的营养链来达到防腐的目的，是一种真正的绿色建材、环保建材。另外还有一种防腐木是纯天然的木材，如加拿大红雪松（红崖柏），未经过任何处理，主要是靠内部含一种酶，散发特殊的香味来达到防腐的目的。菠萝格也是一种硬度较大的天然防腐木。

防腐木的生产长度一般为3 000~4 000 mm，施工中可根据需要进行加工。截面规格有以下几种：

21 mm×95 mm，可用于阳台地板、凳面、栅栏板、栅栏花格、屋面等；
28 mm×95 mm，可用于地板面、凳面、花架顶部横梁、花池外侧板等；
45 mm×95 mm，可用于地面板（泳池、长堤）、花架（或凉亭）主梁等；
45 mm×145 mm，可用于地面板（栈道）、花架（或凉亭）主梁等；
70 mm×195 mm，可用于地面板（泳池、长堤）、花架主梁、大梁结构、脚等。

另外还有 95 mm×95 mm 的木柱、凳脚、结构等，70 mm×70 mm 的木柱、龙骨等，30 mm×50 mm、30 mm×40 mm 的地龙骨，也可根据需求，对特殊规格进行定制。

4.1.3.7 木踢脚线

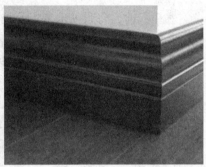

木踢脚线

性能特点：

木踢脚线属于装饰木线条的一种，是选用硬质、纹理细腻、木质较好、粘接性好、钉着力强的木材，经干燥处理后，用机械加工或手工加工而成。它是装饰工程中楼地面与墙柱面相交处的收边封口材料，起固定、连接和加强饰面装饰效果的作用。

木踢脚线具有材质硬、木质细、耐磨、耐腐蚀、不劈裂、切面光滑、加工性能好以及粘接性好等特点，还可油漆成各种彩色或木纹本色，装饰性好。市面上主要有实木踢脚线、实木复合踢脚线、强化踢脚线、竹踢脚线、指接木踢脚线等品种。市面上成品木踢脚线的长度一般为 2400 mm 左右，宽度 60 mm 左右，厚度 15 mm 左右。

4.1.3.8 细木工板

细木工板

性能特性：

细木工板（又称大芯板）是由两片天然旋切单板中间粘压拼接木板而成的板材。从结构上看它是在板芯两面贴合单板构成的,板芯是由木条拼接而成的实木板材。细木工板竖向(以芯材走向区分)抗弯压强度差,但横向抗弯压强度较高。细木工板具有规格统一、加工性强、握钉性好、不易变形、可粘贴其他材料等特点,一般是作为基材配合装饰面板、三聚氰胺板、防火板等面材使用。另外,细木工板除了用在制作隔墙和背景墙基层骨架外,还可用作各种家具、门窗、窗帘盒、暖气罩等,是目前室内装饰中最常使用的基础造型板材之一。

规格种类:

细木工板按张出售,一般每张规格为 2 440 mm×1 220 mm,材料厚度为 12 mm、15 mm、18 mm、20 mm、22 mm、25 mm 等。细木工板的质量等级分为优等品,一等品和合格品。

注意事项:

在出厂前,每张细木工板的板背右下角都加盖了不褪色的油墨标记,详细表明产品的类别(室外用/室内用)、等级、生产厂代号等。另外细木工板根据有害物质限量分为 E1 级和 E2 级两类。E2 级就算是合格品,其甲醛含量也可能要超过 E1 级细木工板 3 倍多,所以在家庭装修中只能使用 E1 级板。

备注:按《室内装饰材料、人造板及其制品中甲醛释放含量》强制性标准规定,细木工板、胶合板、装饰单面贴面胶合板均按甲醛释放限定了分类使用范围。

E1 类(甲醛释放≤1.5 mg/L):可以直接用于室内,Ⅰ类民用建筑工程室内装修必须采用 E1 类人造板。

E2 类(甲醛释放≤5.0 mg/L):Ⅱ类民用建筑工程室内装修宜采用 E1 类,当有用 E2 时,直接暴露于空气的部位应进行表面会涂覆密封处理。

(根据甲醛释放量,将环保标准分为 E0 级、E1 级、E2 级,E0 级标准是指甲醛含量≤0.5 mg/L,无气味,无任何危害。)

4.1.3.9 胶合板

胶合板

性能特性:

胶合板是用原木旋切成薄片,再用胶粘剂按奇数层,以各层纤维互相垂直方向,粘结热压而成,常见的有三夹板、五夹板和九夹板。胶合板既克服了木材各向异性的缺点,在加工中也去除了木材天然的疵病,所以结构强度好、稳定性好,主要用于内墙顶棚装饰底板、隔墙罩面、板式家具的背板等。胶合板提高木材利用率,是节约木材的一个主要途径,但由于其含胶量大,施工时要做好封边处理,尽量减少室内污染。

规格种类：

胶合板的规格尺寸为 2 440 mm×1 220 mm。按耐水性能的不同，胶合板可分类为Ⅰ、Ⅱ、Ⅲ、Ⅳ类（见表 4-2），按质量等级不同国产胶合板可分为一等、二等、三等和特等；进口胶合板则用"AA""AB""BB""CC"表示一、二、三、四等。

表 4-2 胶合板按耐水性能分类及适用范围

分类	名称	适用范围
Ⅰ类	耐气候、耐沸水胶合板	有耐久、耐高温，能蒸汽处理的优点，可用于在室外长期使用的工程
Ⅱ类	耐水胶合板	能在冷水中浸渍和短时间热水浸渍，可用于室外工程或潮湿环境下使用的工程
Ⅲ类	耐潮胶合板	能在冷水中短时间浸渍，适于室内常温下使用
Ⅳ类	不耐潮胶合板	在室内常态下使用（干燥环境下使用）
以上四类胶合板中，二类胶合板为常用胶合板，一类胶合板次之，而三、四类胶合板极少使用		

4.1.3.10 刨花板

刨花板

刨花板又叫微粒板、蔗渣板，由木材或其他木质纤维素材料制成的碎料，施加胶粘剂后在热力和压力作用下胶合成。根据刨花板结构分：单层结构刨花板、三层结构刨花板、定向刨花板等。刨花板有良好的吸音和隔音性、绝热性、吸声性，横向承重力好，刨花板表面平整，纹理逼真，容重均匀，厚度误差小，耐污染，耐老化，美观，可进行各种贴面，在生产过程中，用胶量较小，环保系数相对较高，价格极其便宜。其缺点也很明显：强度和抗拉抗弯性很差，一般不适宜制作较大型或者有力学要求的家私。市场上的刨花板质量参差不齐，劣质的刨花板环保性很差，甲醛含量超标严重。但随着国家对环保的重视，优质的刨花板的环保性已经得到了保障。其常用规格尺寸为 2 440 mm×1 220 mm，厚度从 3 到 30 mm 不等。

4.1.3.11 纤维板

性能特性：

纤维板（又称密度板），是用木材或植物纤维为原料，经破碎、浸泡、磨浆等工艺，再加胶粘热压而成的人造板。纤维板具有材质均匀、纵横强度差小、不易开裂等优点，用途广泛。

纤维板因为做过防水处理，其吸湿性比木材小、形状稳定性、抗菌性都较好。纤维板表面光滑平整，材质细密，性能稳定，边缘牢固，可用于隔墙、强化木地板、门板、家具等。纤维板耐潮性较差，且相比之下，纤维板的握钉力较差，螺钉旋紧后如果发生松动，由于纤维板的强度不高，很难再固定。

纤维板

硬质纤维板密度是以植物纤维为原料，加工成密度大于 0.8 g/cm³ 的纤维板，强度高，可加工性好，易弯曲、开榫和打孔。

规格种类：

根据容重不同纤维板分为低密度板、中密度板、高密度板，其中中密度板因具有良好的物理力学性质和加工性能，被广泛应用于室内装修行业。纤维板一般型材规格为 2 440 mm×1 220 mm，厚度 3~25 mm 不等。检测纤维板的质量，主要看其甲醛释放量和结构强度，纤维板按甲醛释放量分级，分为 E2、E1 和 E0 级，E0 级为最好。

4.1.3.12 指接板

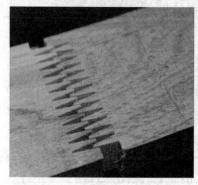

指接板

性能特征：

指接板也叫集成板，属于实木的短小材料再利用，有天然纹理的感觉，给人回归自然感觉。指接板由多块木板拼接而成，上下不再粘压夹板。由于竖向木板间采用锯齿状接口，类似两手手指交叉对接，故称指接板。指接板与木工板的用途一样，只是指接板在生产过程中用胶量比木工板少得多，指接板用的胶一般是乳白胶，所以是较细木工板更为环保的一种板材，已有越来越多的人开始选用指接板来替代细木工板制作家具。指接板常见厚度有 12 mm、

14 mm、16 mm、20 mm 四种,最厚可达 36 mm。

4.1.3.13 软木墙板

软木墙板

软木墙板与软木地板同属于软木制品,材料源自栓皮栎的树皮。软木墙板保留树皮的原本特色,不掉色、古朴造型、原生态标准;浮雕效果、大气厚重、肌理分明、颜色均匀、色调时尚,居家、商用皆可,适合各类环境的房间布置,厚度通常为 1~20 mm 不等。

4.1.3.14 三聚氰胺板

三聚氰胺板,全称是三聚氰胺浸渍胶膜纸饰面人造板,也称双饰面板,是将带有不同颜色或纹理的纸放入三聚氰胺树脂胶粘剂中浸泡,然后干燥到一定固化程度,将其铺装在刨花板、中密度纤维板或高密度纤维板表面,经热压而成的装饰板。在生产过程中,一般是由数层纸张组合而成,数量多少根据用途而定。

三聚氰胺板

三聚氰胺板一般分表层纸、装饰纸、覆盖纸和底层纸等组成。它可以任意仿制各种图案,色泽鲜明,用作各种人造板和木材的贴面;硬度大、耐磨、耐热性好,耐化学药品性能好,且表面平滑光洁,容易维护清洗。由于它具备了天然木材所不能兼备的优异性能,故常用于室内墙面及各种家具、橱柜的装饰上。

缺点:封边易崩边、胶水痕迹较明显、颜色较少、不能锣花只能直封边。

常用规格:2 135 mm×915 mm、2 440 mm×915 mm、2 440 mm×1 220 mm,厚度从 0.6 到 1.2 mm 不等。

4.1.3.15 木装饰线条

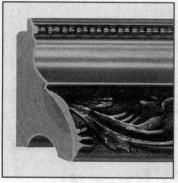

木装饰线条

木装饰线条是由天然木材经过切割加工和高温、高压、干燥等处理后的装饰材料，具有品种多、创意新、动感强的特点，它可以起到画龙点睛的作用，是室内木装修施工中的重要附件。木装饰线条种类很多，按功能可分为压边线、柱角线、压角线、墙角线、墙腰线、上楣线、覆盖线、封边线、镜框线等；按材质不同可分为硬度杂木线、进口洋杂木线、白元木线、水曲柳木线、山樟木线、核桃木线、柚木线等；按外形可分为半圆线、直角线、斜角线、指甲线等；从款式上可分为外凸式、内凹式、凸凹结合式、嵌槽式等。木线具有表面光滑，棱角、棱边、弧面弧线垂直、轮廓分明、耐磨、耐腐蚀、不劈裂、上色性好、粘结性好等特点，在室内装饰中起着"起、转、迎、合、分"的作用。建筑物室内采用木装饰线条，可增添古朴、高雅、亲切的美感。

4.1.4 玻 璃

玻璃是现代建筑十分重要的装饰材料之一。随着现代建筑的发展和玻璃制作工艺的飞跃，具有高度装饰性和多种适用性的玻璃新品种不断出现。玻璃制品由过去单纯的采光、围护功能向调节热量、控制光线、提高建筑艺术等多功能、多用途、多品种方向发展。

楼地面使用玻璃的建筑装饰可以增加通透性，更加有利于采光，也便于人们在玻璃地面上展示和观察玻璃地面下的物品。钢化玻璃、钢化中空玻璃、钢化夹膜玻璃、空心玻璃砖和玻璃锦砖，这些楼地面常用的玻璃，也适用用于墙柱面。而彩色玻璃、毛玻璃、花纹玻璃、热反射玻璃、烤漆玻璃、镜面玻璃等通常只用于墙面装饰或台面装饰。

按采用的玻璃材料特点分为单层钢化玻璃地面、双层夹胶钢化玻璃地面、多层（3层以上）钢化玻璃地面、复合中空钢化玻璃地面，这些地面材料的共同点是全是用钢化玻璃制成，区别是根据不同的环境和使用要求，对玻璃的厚度和层数采用不一样的组合方案。按使用场合分为：家用玻璃地面、商业展览展示场所玻璃地面、工厂车间用玻璃地面、写字楼梯办公室用玻璃地面、公园景点玻璃地面和特殊场所玻璃地面（如医院和军队的某些特殊用途）。

4.1.4.1 钢化玻璃

性能特点：

钢化玻璃又称强化玻璃，是将玻璃均匀加热到接近软化温度，用高压气体等冷却介质使玻璃骤冷或用化学方法对其进行离子交换处理，使其表面形成压应力层的玻璃，达到提高玻璃强度的目的。钢化玻璃的特点是机械强度高、抗震、耐热性能好，碎时形成没有尖棱角的匀质细小的颗粒，对人不产生伤害。钢化玻璃不能切割、磨削、边角不能碰撞和敲击，玻璃表面可进行磨砂、喷砂处理，同时钢化玻璃板的角上应具有安全标志，即3C标志，这个标志是无法擦拭掉的；钢化玻璃在定尺后需按实际使用的规格来制作加工。

 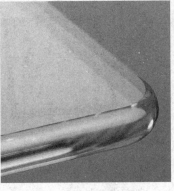 

钢化玻璃

4.1.4.2 钢化夹胶玻璃

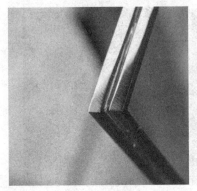  

钢化夹胶玻璃

钢化夹胶玻璃是指玻璃钢化后进行进一步的安全处理，把两片玻璃粘合在一起。玻璃破裂后不会飞溅伤到人，起到安全作用。夹胶玻璃安全性高，由于中间层的胶膜坚韧且附着力强，受冲击破损后不易被贯穿，碎片不会脱落，与角膜紧紧地粘合在一起。与其他玻璃相比，钢化夹胶玻璃具有耐震、防盗、防弹、防爆的性良性能。

4.1.4.3 钢化中空玻璃

钢化中空玻璃是指用两片或多片平板钢化玻璃在周边用间隔条分开，并用气密性好的密封胶密封，在玻璃中间形成干燥气体空间的玻璃制品。中空玻璃结构四周用高强度、高气密性复合粘接剂将两片或多片玻璃与铝合金框、橡胶条、玻璃条粘结、密封，中间充以干燥气体，保证优良的保温、隔热、隔声性能及良好的防结露功能。

规格种类：

钢化中空玻璃用于楼地面装饰，厚度一般为12 mm、15 mm、19 mm，长宽尺寸一般根据设计定制，我国目前可生产的幅面尺寸最大可达 3 600 mm×2 440 mm；形式一般为平面型，其弯曲度弓形时不得超过 0.5%，波形时不得超过 0.3%，边长大于 1.5 m 时弯曲度由供需双方商定；厚度允许偏差应符合 GB/T 9963—1998 的规定。

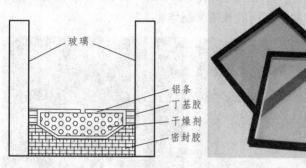

钢化中空玻璃

中空结构的空气层厚度有 6 mm、9 mm、12 mm 三种，除干燥空气外，也可充以惰性气体；结构的加工方法有胶结法、焊接法、熔接法三种。

4.1.4.4 空心玻璃砖

空心玻璃砖

性能特点：

空心玻璃砖是由两块铸成凹形的玻璃经加热熔融或胶结而成整体的玻璃制品。砖坯扣合、周边密封后中间形成空腔，空腔内有干燥并微带负压的空气（2/3 个大气压）。空心玻璃砖抗压强度高、耐急热急冷性能好、隔声、隔热、保温性能好、防火性能好、耐磨、耐腐、采光性能好，能满足一定的自承重结构要求，经常用于门厅、通道、隔墙等处的装饰。

规格种类：

空心玻璃砖有矩形、异形产品，最常用的是正方形，规格有 115 mm×115 mm×80 mm、115 mm×115 mm×60 mm、145 mm×145 mm×80 mm、190 mm×190 mm×80 mm、240 mm×150 mm×80 mm、240 mm×240 mm×80 mm 等，其中 190 mm×190 mm×80 mm 是常用规格。

空心玻璃砖有单腔和双腔之分，在两个凹形半砖之间夹一层玻璃纤维网，这样便可形成两个空气腔，双腔的优点是热绝缘性更好，但市面上还是多用单腔玻璃空心砖。

4.1.4.5 玻璃锦砖

玻璃锦砖又称玻璃马赛克，是将长度不超过 45 mm 的各种颜色和形状的玻璃质小块铺贴在固定网上而制成的一种装饰材料。

玻璃锦砖表面光滑、色泽鲜艳、亮度好，有足够的化学稳定性和耐急冷急热性能。其体内存在微小气泡，导致表观密度小；由于非均匀材质对光的折射率不同形成的散射，使玻璃锦砖表现出光泽柔和的品质，常用于楼地面、墙柱面局部装饰工程。

玻璃锦砖

规格种类：

玻璃锦砖单块尺寸为 20 mm×20 mm×4.0 mm、25 mm×25 mm×4.2 mm、30 mm×30 mm×4.3 mm，联长 321 mm×321 mm、327 mm×327 mm 等，每块边长不超过 45 mm，联上每行或列的缝距为 2.0 mm、3.0 mm 等。

4.1.4.6 普通平板玻璃

普通平板玻璃

普通平板玻璃因具有良好的透光透视性能，透光率达到 85% 左右，同时还具有耐磨、耐候、隔声、隔热等特点，被广泛应用于房屋建筑工程，部分经加工处理制成钢化、夹层、镀膜、中空等玻璃，少量用于工艺玻璃。

普通平板玻璃厚度分别有 3 mm、4 mm、5 mm、6 mm、8 mm、10 mm、12 mm 等。一般建筑采光用 3～5 mm 厚的普通平板玻璃；玻璃幕墙、栏板、商店橱窗等采用 5～6 mm 厚的钢化玻璃；公共建筑的大门则采用 12 mm 厚的钢化玻璃。（注：mm 在日常生活中也称为厘。我们所说的 3 厘玻璃，就是指厚度 3 mm 的玻璃。）

4.1.4.7 毛玻璃

毛玻璃

毛玻璃是指经金刚砂等磨过或以化学方法处理过，表面粗糙的半透明玻璃。其中：用硅砂、金刚砂、石榴石粉等做研磨材料，加水研磨制成的，称为磨砂玻璃；用压缩空气将细砂喷射到玻璃表面制成的，称喷砂玻璃；用酸溶蚀的称酸蚀玻璃。

毛玻璃表面粗糙，使透过光线产生漫射，造成透光不透视，使室内光线不眩目、不刺眼，这种特性使毛玻璃被广泛应用于建筑物的卫生间、浴室、办公室等门窗及隔断，也可用作灯罩、灯箱等。

4.1.4.8 彩色玻璃

彩色玻璃

彩色玻璃又叫有色玻璃或饰面玻璃，彩色玻璃分透明和不透明两种。透明的彩色玻璃是在玻璃原料中加入一定量的金属氧化物，按平板玻璃的生产工艺进行加工生产而成；不透明的彩色玻璃是用 4~6 mm 厚的平板玻璃按要求的尺寸切割而成形，然后经喷洗、喷釉、烘烤、退火而形成。

4.1.4.9 花纹玻璃

花纹玻璃分压花、雕花、热熔立体玻璃几大类。

  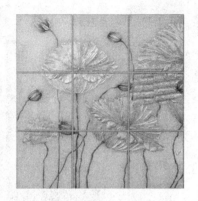

花纹玻璃

压花玻璃是将熔融的玻璃液在冷却的过程中，通过带图案的花纹辊轴连续对辊压延而成，可一面压花，也可两面压花，又称花纹玻璃或滚花玻璃。压花玻璃的一个表面或两个表面压出深浅不同的各种花纹图案后，由于其表面高低不平，当光线通过时产生漫射，因而具有透光不透视的特点，造成从玻璃的一面看另一面物体时，物像显得模糊不清。压花玻璃因表面有各种图案花纹，所以有良好的装饰艺术效果。

雕刻玻璃（又称雕花玻璃）是在普通平板玻璃上，用机械或化学方法雕出图案或花纹的玻璃。雕花图案透光不透明，有立体感，层次分明，效果高雅。雕花玻璃分为人工雕刻和电脑雕刻两种，可任意加工，常用厚度为 3 mm、5 mm、6 mm，尺寸从 150 mm×150 mm 到 2 500 mm×1 800 mm 不等。

4.1.4.10 热反射玻璃

热反射玻璃

热反射玻璃又名镀膜玻璃，是用物理或者化学的方法在玻璃表面镀一层金属或者金属氧化物薄膜，对可见光有适当的透射率，对红外线有较高的反射率（其反射率可达 30%~40%，甚至可高达 50%~60%），对紫外线有很高的吸收率，因此在日照时，室内的人会感到清凉舒适。

热反射玻璃具有良好的节能和装饰效果，其产品色彩丰富，有金色、茶色、灰色、紫色、褐色、青铜色和浅蓝色等。除此之外，它还有单向透像的作用，即白天能在室内看到室外景物，而室外看不到室内的景象。

4.1.4.11 烤漆玻璃

烤漆玻璃

烤漆玻璃是一种极富表现力的装饰玻璃品种，可以通过喷涂、滚涂、丝网印刷或者淋涂等方式来体现。烤漆玻璃在业内也叫背漆玻璃，分平面烤漆玻璃和磨砂烤漆玻璃，即在玻璃的背面喷漆在 30～45 ℃的烤箱中烤 8～12 h 制作而成。很多制作烤漆玻璃的地方一般采用自然晾干，不过自然晾干的漆面附着力比较小，在潮湿的环境下容易脱落。油漆对人体具有一定的危害，在烤漆玻璃中为了保证现代的环保的要求和人的健康安全需求，因此在烤漆玻璃制作时要注意采用环保的原料和涂料。

4.1.4.12 镜面玻璃

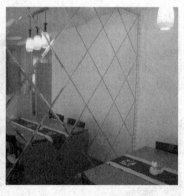

镜面玻璃

镜面玻璃即镜子，指玻璃表面通过化学（银镜反应）或物理（真空铝）等方法形成反射率极强的镜面反射玻璃制品，是用平板玻璃经过抛光后制成的玻璃，分单面磨光和双面磨光两种，表面平整光滑且有光泽。镜面玻璃透光率大于 84%，厚度为 4～6 mm，常用的有金色、银色、灰色、古铜色。它还能扩大建筑物室内空间和视野，或反映建筑物周围四季景物的变化，使人有赏心悦目的感觉。装饰工程中常利用镜子的反射和折射来增加空间感和距离感，或改变光照效果。

4.1.4.13 压延玻璃

压延玻璃又叫压花玻璃，也作轧花玻璃和滚花玻璃，是采用压延方法制造的一种平板玻璃，制造工艺分为单辊法和双辊法。压延玻璃包括压花玻璃、波形玻璃、夹丝玻璃、磨光玻璃毛坯以及槽形玻璃等。压延玻璃在成形过程中，与压延银或压铸台接触，因而表面不平滑，使光漫射，透光而不完全透明。

压延玻璃

4.1.5 塑料及软质制品

软质制品楼地面是指以地面覆盖材料所形成的楼地面。常见的主要有橡胶制品、塑料制品及地毯等。根据制品成型的不同，可分为块材和卷材两种：块材可拼成各种图案，施工灵活，修补简单；卷材施工繁重，修理不便，适用于跑道、过道等连续的长场地。软质制品材料自重轻、柔软、耐磨、耐腐蚀而且美观。软包、墙纸、墙布也是室内装饰常用的墙面材料，为配合装配式建筑，可在工厂模块化处理后，以块面状施工，易于翻新与维护。

4.1.5.1 PVC 地板

PVC 地板

PVC 地板是以聚氯乙烯及其共聚树脂为主要原料，加入填料、增塑剂、稳定剂、着色剂等辅料，在片状连续基材上，经涂敷工艺或经压延、挤出或挤压工艺生产而成。PVC 地板是软质地板中最常用、最普及的地板。PVC 地板因优越的性能和对环境的保护在发达国家已经普遍替代了瓷砖和木质地板，成为地面装修材料的首选。目前，装饰工程中使用的塑料地板大多是以 PVC 树脂为主要原料的聚氯乙烯塑料板，俗称 PVC 塑料地板。PVC 地板具有绿色环保可再生、超轻超薄、超强耐磨、高弹性和超强抗、超强防滑、防火阻燃、防水防潮、吸音防噪、抗菌性能、接缝小及无缝焊接、裁剪拼接简单容易、安装施工快捷、花色品种繁多、耐酸碱腐蚀、导热保暖、保养方便等优点，适用于医院、疗养院、幼儿园、商场、工厂、学校、办公室等要求美观舒适的防尘防潮、防腐、耐磨的场所。

常见有硬质 PVC 块材地板、软质 PVC 卷材地板等（见表 4-3PVC 地板卷材和片材的优缺点对比）。PVC 卷材地板俗称塑胶地板、地板革，主要原料是聚氯乙烯树脂，基材一般采用矿棉纸和玻璃纤维毡，具有装饰性好、耐磨、耐污染、收缩率小、弹性好、行步舒适等特点。PVC 地板缺点是耐热及耐烟头的灼伤性差，增塑剂中挥发性有机化合物、氯乙烯单体等对空气有污染。

塑料地板按使用的树脂分为聚氯乙烯塑料地板、聚丙烯塑料地板、氯化聚乙烯塑料地板三大类，目前绝大多数塑料地板属于聚氯乙烯塑料地板；按地板外形分为块材地板和卷材地板；按结构分为单色地板、透底花纹地板和印花压花地板；按材质可分为硬质、半硬质、软质和弹性塑料地板。

块材地板常见规格为 300 mm×300 mm、303 mm×303 mm、305 mm×305 mm、600 mm×600 mm 及 800 mm×800 mm，原厚为 1.5~3.2 mm。施工时涂以专用粘合剂将地板块粘上即可使用。

卷材地板常见规格为宽 1 800 mm、2 000 mm，长 20 m 或 30 m，厚度 1.5 mm（住宅用）和 2.0 mm（公建用）。

表 4-3　PVC 地板卷材和片材的优缺点对比

类型	优点	缺点
卷材	接缝少，整体感强 卫生死角少 PVC 含量高，脚感舒适 外观档次高 质量标准高——正确铺装，因产品质量而产生的问题少 价格通常较片材高	对地面的反应敏感程度高，要求地面平整、光滑、洁净等 铺装工艺要求高，难度大 破损时，维修较困难 若接缝烧焊，则焊条易弄脏 选择性价比差的产品，得不偿失 生产工艺复杂、国产化程度低
片材	铺装相对卷材简单 破损时，维修相对简便 对地面平整度要求相对卷材不是很高 国产化程度高 价格通常较卷材低	接缝多，整体感相对卷材低 外观档次相对卷材低 质量要求标准相对卷材低，产品质量参差不齐 铺装后卫生死角多

4.1.5.2　聚氯乙烯装饰板（PVC 装饰板）

聚氯乙烯装饰板是以 PVC 树脂为基料，具有质轻、表面立体感强、安装方便、防腐、易清洗等特点。

聚氯乙烯装饰板分为软、硬质两种产品。硬质 PVC 板用于内墙罩面板、护墙板等以及卫生间、浴室、厨房的吊顶；不透明波形板可用于外墙装饰；透明波形板可用于室内隔断、高速公路隔声墙、采光顶棚等。软质 PVC 板用于建筑物内墙面、吊顶、家具台面的装饰和铺设。

聚氯乙烯装饰板

4.1.5.3 橡胶地毡

橡胶地毡

性能特点：

橡胶地毡是指在天然橡胶或合成橡胶中掺入适量的填充料，加工而成的地面覆盖材料，具有较好的弹性、保温、隔撞击声、耐磨、防滑和不带电等性能，因其美观大方、经久耐用、疏水防滑、清洗搬运方便等特点，适用于展览馆、疗养院等公共建筑，也适用于车间、实验室的绝缘地面及游泳池边、运动场等防滑地面。

规格种类：

橡胶地毡按表面处理方式有平滑和带肋之分，按用途分有厨房橡胶毡、抗疲劳毡、橡胶减震毡及浴室防滑垫等。

橡胶地毡的长宽无固定规格，厚度为 4～6 mm，与基层固定可以采用直接铺贴或用胶结材料粘贴。

4.1.5.4 纯毛地毯

纯毛地毯即羊毛地毯，是以绵羊蛋白质粗羊毛为主要原料加工制成的。纯毛地毯质软厚实，非常耐用，具有良好的弹性与拉伸性，染色方便，不易褪色，吸湿性强，抗污染能力强，不易磨损，装饰效果佳；纯毛地毯的缺点在于容易招衣蛾和甲虫的虫蛀，耐用性不如合成纤维地毯。适用于高档宾馆、会堂、舞台、高档公寓及住宅卧室的地面。

纯毛地毯

纯毛地毯包括手工编织和机织地毯两种。手工编织的纯毛地毯是我国传统纯毛地毯的高档品，具有柔软舒适、保温隔热、吸声隔声等特点；机织纯毛地毯是现代科技发展起来的高级地毯品种，具有毯面平整、脚感柔软、抗磨耐用等特点，其价格远低于手工地毯，且回弹性、抗静电、抗老化、耐燃性都优于化纤地毯。

4.1.5.5　混纺地毯

 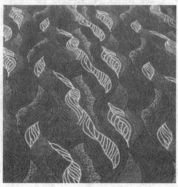 

混纺地毯

性能特点：

混纺地毯是以羊毛纤维和合成纤维按比例混纺后编制而成的地毯。合成纤维的掺入显著地改善了地毯的耐磨性，在羊毛纤维中加入15%的锦纶纤维，织成的地毯比纯毛地毯更耐磨；在羊毛纤维中加入20%的尼龙纤维，可将地毯的耐磨性提高5倍，装饰性不亚于纯毛地毯，且价格低于纯毛地毯，适用于一般中、低档客房、办公用房、公寓、住宅等。

规格种类：

混纺地毯的品种极多，例如80%的纯羊毛纤维与20%的尼龙纤维混纺，或70%的羊毛纤维与30%的丙烯酸纤维混纺。混纺地毯克服了纯毛地毯不耐虫蛀和易腐蚀等缺点，在弹性和脚感方面又优于化纤地毯。

4.1.5.6　化纤地毯

化纤地毯也叫合成纤维地毯，是以各种化学纤维为主要原料，经过机织法或簇绒法等加工成面层织物后，再与麻布背衬材料复合处理而成的一种地毯。制作化纤地毯的常用合成纤维有丙纶、腈纶、锦纶、涤纶等。

化纤地毯

化纤地毯的共同特点是外貌和触感酷似羊毛地毯、耐磨而富有弹性、脚感舒适、不霉、不蛀、耐腐蚀、质轻、色彩鲜艳、吸湿性小、易清洁、铺设方便、价格较低等,但化纤地毯弹性相对较差、易变形、较粗糙、光泽较暗、抗老化性能差、易产生静电、耐燃性较差、遇火易局部熔化。需要特别指出的是,化纤地毯在燃烧时会释放出有害气体及大量烟气,容易使人窒息,因此应尽量选用阻燃性化纤地毯。

化纤地毯是目前用量最大的中、低档地毯品种,可用于旅馆、饭店等公共建筑及普通家庭的客厅、走廊铺设。

4.1.5.7 塑料地毯

塑料地毯是采用 PVC 树脂、增塑剂等多种辅助材料,经均匀混炼、塑化,并在地毯模具中成型而制成的一种新型轻质地毯,它质地柔软、色彩绚丽、自熄不燃,污染后可用水洗,经久耐用,但耐磨性较差,容易老化,弹性差、易变形,常为宾馆、商场、浴室等公共建筑和居室门厅地面选用。

 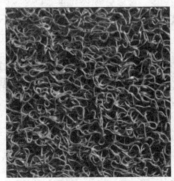 

塑料地毯

塑料地毯一般多为方毯,规格为 0.5~1 m;卷毯长度为 10 m,宽度为 600~1 200 mm。

4.1.5.8 剑麻地毯

性能特点:

剑麻地毯是植物纤维地毯的代表,采用植物纤维剑麻为原料,经纺纱、编织、涂胶、硫化等工序加工而成。有易纺织、色泽洁白、质地坚韧，尺寸稳定、强力大、耐酸碱、耐腐蚀、不易打滑、无静电、经济实用等特点。剑麻地毯是一种全天然的产品，它含水分，可随环境变化而吸湿或放出水分来调节环境及空气温度。它还具有节能、可降解、防虫蛀、阻燃、防静电、高弹性、吸音、隔热、耐磨损等优点，但弹性较其他类型的地毯差，手感较粗糙，可用于楼、堂、馆、所等人流较大的公共场所地面装饰及家庭地面装饰。剑麻地毯产品分染色和素色两类，有斜纹、螺纹、鱼骨纹、帆布平纹、半巴拿马纹和多米诺纹等多种花色，幅宽4 m以下，卷长50 m以下、可根据需要进行裁剪。

剑麻地毯

规格种类：

地毯按图案类型不同可分为京式地毯、艺术地毯、仿古地毯、素凸地毯、彩花地毯；按手工编织工艺分为手工编织地毯（主要适用于纯毛地毯）、簇绒地毯（主要适用于化纤地毯）、无纺地毯（主要适用于合成纤维地毯）。

地毯的尺寸规格主要有两类：

块状地毯：形状多为方形及长方形，通常规格尺寸从 610 mm×610 mm（3 660～6 710 mm），共计 56 种。另外还有椭圆形、圆形等。纯毛块状地毯可成套供应，每套由若干规格和形状不同的地毯组成。花式方块地毯是由 500 mm×500 mm 花色各不相同的方块地毯组成一箱，铺设时可根据需要组成不同的图案。

卷状地毯：化纤地毯、剑麻地毯、无纺地毯等常按整幅成卷供货，幅宽有 1 到 4 m 不等，每卷长度 20～50 m，地毯也可按要求加工定做，这种地毯一般适用于室内满铺固定式铺设，以室内宽敞整洁。楼梯、走廊用地毯幅窄，属专用地毯，幅宽有 900 mm、700 mm 两种，整卷长度一般为 20 m，也可按楼梯、走廊尺寸要求加工。

4.1.5.9 纸面纸基壁纸

这是应用最早的壁纸，价格比较便宜，目前市场上出售的已很少，主要有木纹图案、大理石图案、压花图案等。由于这种壁纸性能差，不耐潮，不耐水，不能擦洗，装饰后造成诸多不便。纸面纸基壁纸是在特殊耐热的纸上直接印花压纹的壁纸。特点有亚光、环保、自然、舒适、亲切。

我们现在常见的墙纸规格大部分采用的是欧洲标准，即 10.05 m（长）×0.53 m（宽），也就是说每卷的面积在 5.3 m^2 左右。

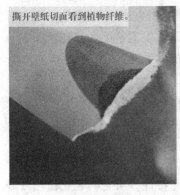

纸面纸基壁纸

粗略的估算方法为：地面面积×3=墙纸的总面积

墙纸的总面积÷（0.53×10）=墙纸的卷数

注意：在计算墙纸用量时，要减去踢脚板及顶线的高度，门、窗面积也要在使用量中减去。另外，这种计算方法只适用于素色或细碎花的墙纸。墙纸的拼贴中要考虑对花，图案越大，损耗越大，因此要比实际用量多买10%左右。

4.1.5.10 塑料壁纸

塑料壁纸是以一定的材料为基材，表面进行涂塑后，再经过压延、涂布以及印刷、轧花、发泡等工艺而制成的一种墙面装饰材料。塑料壁纸花色品种多、适用面广、价格低、透气性好、接缝不易开裂，且表层有一层蜡面，脏了可以用湿布擦洗，与传统的织物纤维壁纸相比，有装饰效果好、性能优越、粘贴方便、使用寿命长、易维修保养等特点，是目前使用最广泛的产品。

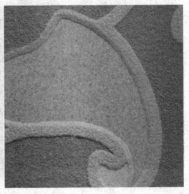

塑料壁纸

常用塑料壁纸的种类有普通塑料壁纸、发泡塑料壁纸和特种塑料壁纸等。

普通塑料壁纸：以 80 g/cm^2 的纸作基材，涂以 100 g/cm^2 左右的聚氯乙烯糊状树脂，经印花、压花等工序制成。塑料壁纸包括：单色压花墙纸、印花压花墙纸、有光印花和平光印花墙纸等品种。

发泡壁纸：以 100 g/cm^2 纸为基材，涂塑上 300~400 g/cm^2 掺有发泡剂的聚氯乙烯糊状料，经印花后，再加热发泡而成，比普通壁纸显得厚实、松软。这类墙纸有高发泡印花、低发泡

印花、低发泡印花压花等品种。其中高发泡墙纸表面呈富有弹性的凹凸状，有装饰、吸声等功能，常用于影剧院和住房天花板等装饰；而低发泡印花墙纸是在发泡平面印有花纹图案，形如浮雕、木纹、瓷砖，适用于室内墙裙、客厅和内走廊的装饰。

塑料壁纸的规格有以下几种：

（1）窄幅小卷幅宽530～600 mm，长10～12 m，每卷5～6 m²。

（2）中幅中卷幅宽760～900 mm，长25～50 m，每卷25～45 m²。

（3）宽幅大卷幅宽920～1 200 mm，长50 m，每卷46～50 m²。

应用时需注意的几个问题：

该种装饰材料的燃烧性等级应予以重视，同时应注意其老化特性，防止其老化褪色或开裂的现象。使用塑料类材料作墙面装饰时，还应注意其封闭性（水密性和气密性），有时常出现由于塑料类材料的封闭性，破坏了砖墙体及混凝土墙面的呼吸效应，使室内空气干燥，空气新鲜程度下降，令人产生不适的情况。

4.1.5.11　壁　布

壁布实际上是壁纸的另一种形式，所以又称纺织壁纸。壁布一样有着变幻多彩的图案、瑰丽无比的色泽，但在质感上则比壁纸更胜一筹。壁布表层材料的基材多为天然物质，无论是提花壁布、纱线壁布，还是无纺布壁布、浮雕壁布、植绒壁布、锦缎壁布、丝绒壁布、呢料壁布，其质地都较柔软舒适，而且纹理更加自然，色彩也更显柔和，极具艺术效果，给人一种温馨的感觉。壁布不仅有着与壁纸一样的环保特性，而且更新也很简便，并具有更强的吸音、隔音性能，还可防火、防霉防蛀，也非常耐擦洗。壁布本身的柔韧性、无毒、无味等特点，使其既适合铺装在人多热闹的客厅或餐厅，也更适合铺装在儿童房或有老人的居室里。

壁　布

规格种类：

壁布按材料的层次构成可分为单层和复合两种。

（1）单层壁布即由一层材料编织而成，或丝绸，或化纤，或纯棉，或布革，其中一种锦缎壁布最为绚丽多彩，由于其缎面上的花纹是在三种以上颜色的缎纹底上编织而成，因而更显古典雅致。

（2）复合型壁布就是由两层以上的材料复合编织而成，分为表面材料和背衬材料，背衬材料又主要有发泡和低发泡两种。除此之外，还有防潮性能良好、花样繁多的玻璃纤维壁布，其中一种浮雕壁布因其特殊的结构，具有良好的透气性而不易滋生霉菌，能够适当地调节室内的微气候，在使用时，如果不喜欢原有的色泽，还可以涂上自己喜爱的有色乳胶漆来更换房间的铺装效果。

壁布一般宽1 200 mm，长度可以按需求随意裁剪。

4.1.5.12 软 包

软 包

软包是指一种在室内墙表面用柔性材料加以包装的墙面装饰方法，它所使用的材料质地柔软，色彩柔和，能够柔化整体空间氛围，其纵深的立体感亦能提升家居档次。除了美化空间的作用外，更重要的是它具有阻燃、吸音、隔音、防潮、防霉、抗菌、防水、防油、防尘、防污、防静电、防撞的功能。以前，软包大多运用于高档宾馆、会所、KTV等地方，在家居中不多见。而现在，一些高档小区的商品房、别墅等在装修的时候，也会大面积使用，常用布艺、人造皮革或者真皮饰（包）面。人造皮革是一种仿真羊皮的装饰装修材料，主要用于建筑室内的软包工程。人造皮革具有色彩、花纹多样、仿真性强，价格低廉，装饰效果好的特点。

用人造皮革制作的软包墙面，具有柔软、消声、温暖、耐磨等优良性能和高雅华贵的装饰效果，可用于录音室、电话间、会议室、包厢、包房等房间的墙面装饰，也可用于健身房、幼儿园等要求防止碰撞的房间墙面装饰。

4.1.6 金 属

金属材料是指由一种或一种以上的金属元素或金属元素与某些非金属元素组成的合金的总称。金属材料一般分为黑色金属及有色金属两大类。黑色金属基本成分为铁及其合金，故也称为铁金属，有色金属是只除铁以外的其他金属，如铝、铜、铅、锌、锡等。

在装饰装修工程中常用的金属材料包括：钢、金、银、铜、铝、锌、钛及其合金与非金属材料组成的复合材料（如铝塑板、彩钢夹芯板等）。金属材料可加工成板材、线材、管材、型材等多种类型以满足各种使用功能的需要。

常用墙柱面金属制品有以下几种。

4.1.6.1 铝塑板

铝塑板

铝塑复合板是由多层材料复合而成，上下层为高纯度铝合金板，中间为无毒低密度聚乙烯芯板，其正面还粘贴一层保护膜。对于室外，铝塑板正面涂覆氟碳树脂涂层；对于室内，其正面可采用非氟碳树脂涂层。

铝塑板由性质截然不同的两种材料（金属和非金属）组成，它既保留了原组成材料（金属铝、非金属聚乙烯塑料）的主要特性，又克服了原组成材料的不足，进而获得了众多优异的材料性质，如豪华性、艳丽多彩的装饰性、耐候、耐蚀、耐创击、防火、防潮、隔音、隔热、抗震性、质轻、易加工成型、易搬运安装等特性。铝塑板是易于加工、成型的好材料，更是为追求效率、争取时间的优良产品，它能缩短工期、降低成本。铝塑板可以切割、裁切、开槽、带锯、钻孔、加工埋头，也可以冷弯、冷折、冷轧，还可以铆接、螺丝连接或胶合粘接等。

铝塑板品种较多，而且是一种新型材料，因此至今还没有统一的分类方法，通常按用途、产品功能和表面装饰效果进行分类。

按用途来分类为建筑幕墙铝塑板、外墙装饰与广告铝塑板、室内铝塑板；按产品功能分类为防火板、抗菌防霉铝塑板、抗静电铝塑板；按表面装饰效果分类为涂层装饰铝塑板、氧化着色铝塑板、贴膜装饰复合板、彩色印花铝塑板、拉丝铝塑板、镜面铝塑板。

铝塑复合板本身所具有的独特性能，决定了其广泛用途：它可以用于大楼外墙、帷幕墙板、旧楼改造翻新、室内墙壁及天花板装修、广告招牌、展示台架、净化防尘工程，属于一种新型建筑装饰材料。

4.1.6.2 不锈钢制品

建筑装饰用不锈钢制品主要是薄钢板，其中厚度小于 2 mm 的薄钢板用得最多。除此之外，不锈钢还可加工成型材、管材及异型材，在建筑上可用做幕墙、包柱、内外墙饰面、门窗、屋面、栏杆扶手等。

不锈钢制品耐腐蚀，经不同的表面加工，形成不同的光泽度和反射性。高级抛光不锈钢表面光泽度具有与玻璃相同的反射能力。由于这种镜面反射作用，不锈钢饰面可取得与周围环境中的各种色彩、景物交相辉映的效果。同时，在灯光的配合下，还可形成晶莹明亮的高光部分，从而有助于在这些共享空间中，形成空间环境的趣味中心，对空间环境起到强化、点缀和烘托的作用。

不锈钢制品

4.1.6.3 镜面不锈钢

镜面不锈钢，即 8K 板又称镜面板，用研磨液通过抛光设备在不锈钢板面上进行抛光，使板面光度像镜子一样清晰，主要用在建筑装潢、电梯装潢、工业装潢等不锈钢系列产品。常见镜面不锈钢分为 6K、8K、10K 这三种，一般是普通抛光，普通 6K，精磨 8K，超强精磨 10K 效果，相同厚度的一般无太大差别，10K 镜面更亮；厚度越厚，效果越差，加工费用也越高。有板材、管材、护角等不同种类。

镜面不锈钢

4.1.6.4 彩色涂层钢板

彩色涂层钢板分有机涂层、无机涂层和复合涂层三种，具有良好的耐污性、耐热性、耐沸水性能。常用于外墙板、护墙板、屋面板、大型车间的壁板和屋顶、建筑门窗框等。

彩色涂层钢板

4.1.6.5 铝合金踢脚线

铝合金踢脚线在装修空间里起着视觉平衡、美化装饰及墙角、地面的保护作用。随着社会经济的发展和生活质量的提高，人类的生活空间质量要求也在不断发生变化，装饰材料也在快速地更新换代。铝合金因为其压铸成品率高、铸件致密、成品强度高、无断裂特点、柔韧性强、铸铜着色效果佳、比重轻、装饰效果好、简洁、时尚、美观、环保等诸多优点越来越多被用在装饰行业。

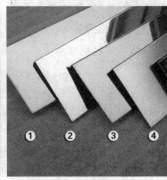

铝合金踢脚线

铝合金踢脚线的高度规格有 60 mm、80 mm、100 mm，产品长度一般定尺 2.5 m/支，可选用阴、阳角安装配件。它的表面效果有：磨砂本色、磨砂金色、拉丝哑光、拉丝亮光、拉丝香槟、拉丝铁灰、拉丝玫瑰金、白色喷涂、深灰喷涂、黑色喷涂、白枫木纹。

4.1.7 石 膏

石膏是一种白色粉末状的气硬性无机胶凝材料，具有孔隙率大（轻）、保温隔热、吸声防火、易加工、装饰性好等特点，故在建筑装饰工程中广泛使用。

常见的墙面石膏制品主要有装饰板、石膏线等。

4.1.7.1 **石膏浮雕板**

石膏浮雕板

4.1.7.2 **石膏装饰线**

石膏装饰线长条状装饰部件，多用高强石膏或加筋建筑石膏制作，用浇注法成型，其表面呈弧形和雕化形。规格尺寸很多,线角的宽度为 45~300 mm,长度一般为 1 800~2 300 mm,可以在墙上用线角镶裹壁画、彩饰后形成画框等。

石膏装饰线

4.1.7.3 石膏吸音板

石膏吸音板

4.1.7.4 石膏波浪板

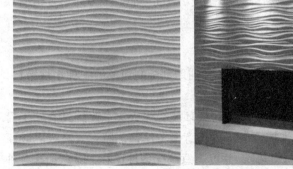

石膏波浪板

4.1.8 涂料

4.1.8.1 楼地面涂料

楼地面涂料

涂料用于楼地面装饰工程，最突出的特点是无接缝、易于清洁、施工简便、工效高、更新方便、造价低等。地面涂料通常以过氯乙烯地面涂料、环氧树脂地面涂料、聚氨酯地面涂料、聚乙烯醇缩甲醛水泥地面涂料和聚醋酸乙烯水泥地面涂料几种为主。主要用于公共建筑、住宅及一般实验室、办公室水泥地面的装饰，可仿制成方格、假木纹及各种装饰图案。涂料的包装基本分为 5 L 和 15 L 两种规格。

4.1.8.2 墙柱面涂料

墙柱面用涂料按建筑物涂刷部位分：外墙涂料和内墙涂料。

内墙涂料亦可用作顶棚涂料，它的主要功能是装饰及保护内墙墙面及顶棚，建立一个美观舒适的生活环境。它色彩丰富、色调柔和，具有质地平滑、细腻、耐碱性好、透气性好、不易粉化、施工方便、无毒、无污染、重涂性好等特点。目前常用的内墙涂料的种类有：乳胶漆、多彩花纹涂料、仿瓷涂料、隐形变色发光涂料等。桶装规格一般为 5 L、15 L、18 L 三种。

外墙涂料不仅使建筑物外立面更加美丽悦目，达到美化环境的目的，而且也有效地保护了外墙不受介质侵蚀，使建筑物延长了使用期限。同内墙涂料一样，外墙涂料品种多，色彩丰富。除此之外，为了获得良好的装饰与保护效果，外墙涂料一般应还具有装饰性好、耐水性好、防污性好、耐候性好等特点。

外墙涂料分为合成树脂乳液外墙涂料、溶剂型外墙涂料、复层建筑涂料、硅溶胶外墙涂料、砂壁状建筑外墙涂料（彩砂涂料）、氟碳涂料等。按质量分为优等品、一等品、合格品三个等级。

（一）乳胶漆

乳胶漆是以合成树脂乳液涂料为原料，加入颜料及各种辅助剂配制而成的一种水性涂料，是室内装饰装修中最常用的墙面装饰材料。

乳胶漆以水为介质进行稀释和分解，无毒无害，不污染环境，无火灾危险，具有施工简便、结膜干燥快、施工工期短、价格低廉、维护方便、可任意覆盖涂饰等特点。高级乳胶漆还有水洗功能（墙面沾染污渍后使用清水擦洗既可），并可随意调配各种色彩，随意选择各种光泽，如亚光、高光、无光、丝光、石光等。

乳胶漆　　　　　　　　　　　乳胶漆色卡

（二）多彩内墙涂料

多彩内墙涂料，又称幻彩内墙涂料、梦幻涂料、云彩涂料，是一种国内外较为流行的高档内墙涂料，它是经一次喷涂即可获得具有多种色彩的立体涂膜的涂料。多彩内墙涂料按其介质可分为水包油型、油包水型、油包油型和水包水型四种，适用于建筑物内墙和顶棚水泥、混凝土、砂浆、石膏板、木材、钢、铝等多种基面的装饰。

多彩内墙涂料

（三）仿瓷涂料

仿瓷涂料又称瓷釉涂料，是一种质感与装饰效果酷似陶瓷釉面层饰面的装饰涂料。仿瓷涂料分为溶剂型和乳液型两种，可用于公共建筑内墙、住宅内墙、厨房、卫生间等处，还可用于电器、机械及家具的表面防腐与装饰。

仿瓷涂料

（四）隐形变色发光涂料

隐形变色发光涂料是一种能隐形、变色和发光的建筑内墙涂料，用于舞厅、迪厅、酒吧、咖啡馆、水族馆等娱乐场所的墙面和顶棚装饰，还可用于舞台布景、广告等。

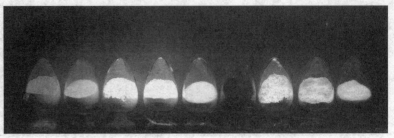

隐形变色发光涂料

（五）合成树脂乳液外墙涂料

合成树脂乳液外墙涂料（俗称外墙乳胶漆），又可分为硅丙乳胶涂料、纯丙乳胶涂料、苯丙乳胶涂料等。其中纯丙乳胶涂料和苯丙乳胶涂料是目前被广泛使用的两种外墙涂料。硅丙乳胶涂料的拒水性、透气性、耐污性较好，是一种自洁性好的外墙涂料。

外墙乳胶漆

（六）溶剂型外墙涂料

溶剂型外墙涂料主要有丙烯酸酯外墙涂料、聚氨酯系外墙涂料、氯化橡胶外墙涂料等。其中丙烯酸酯外墙涂料耐污耐磨性好，涂膜表面有一定的自洁性和光洁度，因此具有长期装饰效果，耐洗刷性好。可以直接在水泥砂浆和混凝土基层上进行涂饰。要注意的是溶剂型外墙涂料由于用有机溶剂作稀释剂，因此施工时必须注意防火。

溶剂型外墙涂料

（七）复层建筑涂料

复层外墙涂料也称凹凸花纹涂料或浮雕喷塑涂料，由多层涂膜组成，以往强调复层涂料施工时，颗粒要大，凹凸感要强，但由于当前环境污染较大等，现在往往流行颗粒小而均匀、稍有凹凸感的外墙涂料，也称橘皮状外墙涂料。

复层建筑涂料

(八)砂壁状建筑外墙涂料(彩砂涂料)

彩色砂壁状外墙涂料也称外墙喷砂。这种涂料曾经是大多数住宅小区的外墙所选用的装饰涂料，但由于其耐沾污性能较差，所以在近几年的应用中受到限制，并在此基础上开发了两种新的外墙装饰涂料——珍珠漆和真石漆。所谓珍珠漆，指的是在外墙喷砂的表面罩上溶剂型外墙涂料或有光的乳胶漆，这样一来涂层表面形成像珍珠一样光泽的效果，由此得名"珍珠漆"。真石漆则系选用不同粒径的天然石粉颗粒制作的高档外墙喷砂，然后再在表面罩上溶剂型罩面清漆而成。

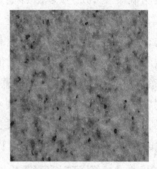

砂壁状建筑外墙涂料

(九)氟碳涂料

氟碳涂料属于性能最优异的一种新型涂料，它具有优异的耐候性、耐污性、自洁性、耐酸、耐碱、抗腐蚀性强、耐高低温性能好等优点。涂层硬度高，与各种材质有良好的粘结性能，使用寿命长，装饰性好，可以配出实体色、金属色、珠光色以及特殊色彩，涂膜细腻有光泽，施工方便，可以喷涂、辊涂、刷涂。应用于制作金属幕墙表面涂饰、铝合金门窗、型材、无机板材、内外墙装饰以及各种装饰板涂层。

氟碳涂料

4.1.9 新型材料

社会经济的发展与科学进步的不断提升，人们的生活质量和生活节奏快速提高，消费者对装饰材料的要求越来越高。对于建筑材料的应用，不仅在安全方面提出了更新的要求，在环保和绿色节能方面也提出了更多要求。新型轻质高强材料就是在这种对建筑审美与经济实用环保于一体的需求环境中诞生的，在我国城市化建设进程大幅度快速提高的背景之下，新型轻质高强材料的新优势，相对于传统的建材来说，具有更多的可选择性和更多的创新性，并能够更好地体现现代技术的高科技，低负荷和低成本的建筑开拓理念，也推动了建筑装饰材料企业技术创新和技术发展。随着科学技术的发展，纳米技术在建材领域得到了广泛的应用，新技术的应用不但提高了原有材料性能，而且赋予原有材料新的使用功能，即材料的高性能化和高功能化。新材料不但有良好的装饰性和使用性，而且对人体无害，无污染，有利于人体健康。因此，环保健康装饰材料已成为建材发展的热点，环保健康装饰材料产品成为装配式装修时代主流产品。

4.1.9.1 透明混凝土

透明混凝土的成分是由普通混凝土和玻璃纤维组成的，因此这种新型混凝土便可以透过光线。它是由匈牙利建筑师阿隆·罗索尼奇发明的，并通过展览迅速在业界传播。据建筑师本人说，透明混凝土的灵感来自他在布达佩斯看到的一件艺术作品，它是由玻璃和普通的混凝土做的，这两者的结合启发了他。

在2010年世界博览会上，意大利馆使用了这种新型的建筑材料来建筑场馆的外立面，同时利用各种成分的比例变化达到不同透明度的渐变。光线透过不同玻璃质地的透明混凝土照射进来，营造出梦幻的色彩效果，而自然光的射入也可以减少室内灯光的使用，从而节约能源。同时，展馆内外的人们也可以透过"透明水泥"互相看见，了解室内外情况。

透明混凝土

4.1.9.2 无机人造大理石

无机人造大理石是一种新型建筑装饰材料，是由高铝水泥、石英砂、石子、大砂及无机化工原料为主要原料制成，并通过无机材料经科学配比塑化成型，具有耐高温、耐酸碱、不变形、不易退光以及强度高、石感性强等特点，并能取代天然石材应用于对防火要求较高的公共领域装饰装修工程以及有机人造石不适合应用的室外地面、墙面，可大大拓宽人造石材的应用领域。

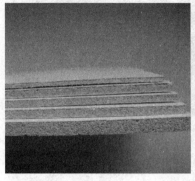

无机人造大理石

4.1.9.3 锁扣地板

锁扣地板（也称鸳鸯扣），该扣型结合紧密，克服了大多数地板受外界冷热干湿变化过程中，产生的离缝、翘曲起鼓等问题，在铺装过程中，彻底免钉、免胶、免龙骨，直接铺设于地面，节省了房间高度，并可以重复拆装利用，经济实用。

锁扣地板最大特点是防止地板接缝开裂。地板锁扣的牢固、稳定、持久，主要在于锁扣的倒角面积与角度，及加工精确度，基材韧性等因素决定的。单锁扣只要结构合理，就足以防止地板接缝的开裂。

市场上销售的强化地板按锁扣可以分为单锁扣、三重锁扣和四重锁扣地板。

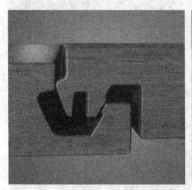
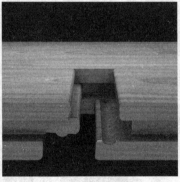

锁扣地板

4.1.9.4 造型地板

造型地板是将不同材料的木材以人工切割方式转变成各种前所未见的形状，能配合不同人群的喜好之余，每种形状均能做出拼合，从而带出不同的视觉效果。除了不同形状的选择，还可从橡木或胡桃木中做出挑选，加上多种不同色调的表面处理，令木地板的灵活性大大提高，满足用户对设计的各种风格。同时造型地板也适合运用在墙壁之上，以木材物料拼合出自己喜欢的墙壁装饰之余，亦同时增加家居的和谐自然气氛。

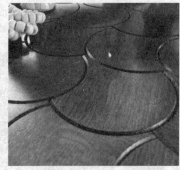

造型地板

4.1.9.5 亚麻地板

亚麻地板是由亚麻籽油、石灰石、软木、木粉、天然树脂、黄麻制作而成,以卷材为主,是单一的同质透心结构。它具有绿色环保、耐污、耐磨、抗压等特点,同时还具有抗烟头灼伤、抑制细菌生长、抗静电、装饰性强等优点。

亚麻地板

4.1.9.6 玉米消音地板

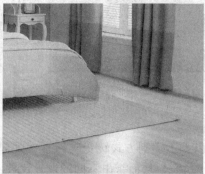

玉米消音地板

玉米消音地板是韩国LG集团研发的一种将汇集了自然灵气的玉米、石粉、黄土、木粉、蔗糖五种物质完美结合新产品。玉米地板以玉米提炼物为主要成分,将产品加工和安装过程中的甲醛含量降低到最低。它具有绿色环保、耐磨、稳定、抗菌、耐污染、隔热保温、不变色、落地无声等特点。玉米消音地板，全球首创使用对人体有益的纯植物性原料，内层采用隔音材料可减少楼层间噪音，高厚度与特殊表面处理可缓冲地板对膝盖的撞击。

4.1.9.7 LED 灯地板

LED 地板灯可显示 6 万多种颜色，色彩鲜艳，炫彩迷人，播放幻彩和视频效果均可实现。LED 地板灯采用小型精密不锈钢外壳、优质防水接头、硅胶结构胶密封，具有防水、防尘、防滑、防漏电和耐腐蚀等特点。广泛用于广场、户外公园、休闲场所等户外照明，以及公园绿化、草坪、广场、庭院、花坛、步行街装饰，瀑布、喷泉水底等场所夜景照明，为生活增添光彩。

LED 灯地板

4.1.9.8 火山石

火山石

火山石（俗称浮石或多孔玄武岩）是一种功能型环保材料，是火山爆发后由火山玻璃、矿物与气泡形成的非常珍贵的多孔形石材。火山石中含有钠、镁、铝、硅、钙、钛、锰、铁、镍、钴和钼等几十种矿物质和微量元素，无辐射而具有远红外磁波。其特点是孔隙多、质量轻、强度高、保温、隔热、吸音、防火、耐酸碱、耐腐蚀、无污染、无放射性等，是理想的天然绿色、环保节能的原料。

在无情的火山爆发过后，时隔上万年，人类才越来越发现它的可贵之处。现已将其应用领域扩大到建筑、水利、研磨、滤材、烧烤炭、园林造景、无土栽培、观赏品等领域，在各行各业中发挥着重要的作用。

4.1.9.9 玻晶砖

玻晶砖是由碎玻璃为主，掺入少量粘土等原料，经粉碎、成型、晶化退火而成的一种新型环保节能材料。这种新型结晶材料均由玻璃和结晶构成，因而集中了玻璃与陶瓷的特点，是一种既非石材也非陶瓷砖的新型绿色建材。

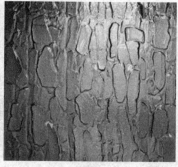

玻晶砖

同时玻晶砖在生产中使用的黏土等地球上不断枯竭的资源，其用量少于其他产品。由于烧成温度低于陶瓷的烧成温度，生产周期短，可大大节约能量，二氧化碳等废气排放量可减少 25%以上，生产成本远远低于其他同类产品，因此符合绿色环保材料的原则。因此，随着玻晶砖生产的不断发展，势必能部分取代目前流行的粉煤灰水泥砌块、水磨石、陶瓷砖、烧结法微晶玻璃板等产品，成为建筑装饰材料的一代新宠。

4.1.9.10 柔性饰面砖

柔性饰面砖

柔性饰面砖也称软瓷，是一种采用天然矿物填料、耐碱性和抗紫外线强的材料经过特殊加工而成的新型内外墙饰面材料。其外墙外保温系统是柔性饰面砖的核心，它是采用天然彩砂（也可用白砂加无机颜料）、无机或有机胶凝材料、骨料和填料等调制成聚合物建筑砂浆，再经过制块、成型、烘干等工艺，最后预制成薄片状的饰面砖。

柔性饰面砖具有柔韧性好、体薄质轻、安全可靠、耐候性强、防水性好、防火等特点。外观造型与传统的黏土砖十分相似，可用于各种新老建筑的室内外装饰装修，特别适用于写字楼、医院、商店、饭店、酒吧等公共场所和家庭住宅及高档公寓、别墅等内墙、外墙装饰装修，在高层建筑的各种外墙外保温系统的应用中，也拥有广阔的市场。

4.1.9.11 木塑板

木塑板

木塑板是将塑料和木质粉料按一定比例混合后经热挤压成型的板材，称之为挤压木塑复合板材。木塑复合材料是国内外近年蓬勃兴起的一类新型复合材料，指利用聚乙烯、聚丙烯和聚氯乙烯等，代替通常的树脂胶粘剂，与超过50%以上的木粉、稻壳、秸秆等植物纤维混合成新的木质材料，再经挤压、模压、注射成型等塑料加工工艺，生产出的板材或型材，主要用于建材、家具、物流包装等行业。

木塑复合材料的基础为高密度聚乙烯和木质纤维，决定了其自身具有塑料和木材的某些特性。具有良好的加工性能和强度性能，并有耐水、耐腐性、使用寿命长、着色性良好等特点。其最大的优点就是变废为宝，可100%回收再生产，可分解，不会造成"白色污染"，是真正的绿色环保产品。原料来源广泛、可以根据需要，制成任意形状和尺寸大小。

木塑复合材料的最主要用途之一是替代实体木材在各领域中的应用，其中运用最广泛的是在建筑产品方面，占木塑复合用品总量的75%。

4.1.9.12 木丝水泥板

木丝水泥板

木丝水泥板属于环保型绿色建材，其木料成分通过无毒化学制剂矿化后产生防火性能，由水泥作为交联剂，木丝作为纤维增强材料，加入部分添加剂所压制而成的板材，主要由细碎木屑与波特兰水泥胶合加工而成，颜色清灰，双面平整光滑。并结合了木料的强度、易加工性和水泥经久耐用的特性。木丝水泥板在20世纪40年代开始在欧洲广泛应用，目前已成为国际上应用范围很广的建筑材料。它实用性广，性能优异，具有耐腐、耐热、耐腐蚀等多种优点，同时木丝水泥板的整体结构性使它具有抗冲击力，且易加工。由于结构紧密，密度高，木丝水泥板隔音效果优良，且价格实惠，是目前市场上颇受欢迎的一种新型绿色环保装饰材料。

规格种类：

木丝水泥常用尺寸为 1 220 mm×2 440 mm×8 mm、1 220 mm×2 440 mm×10 mm、1 220 mm×2 440 mm×12 mm、1 220 mm×2 440 mm×16 mm。装饰应用于内外墙、地板、天花板、家具、隔间墙等。

4.1.9.13 UV墙板

UV墙板

UV板就是表面经过UV处理保护的板材。UV漆即紫外光固化漆，也称光引发涂料。在刨花板、密度板等板材上通过上UV漆，再经过UV光固化机干燥而形成的板材，因其易加工，可实现工业化生产。具有色泽鲜艳、耐磨、环保、抗潮湿、抗变形、抗化学性强、使用寿命长、无挥发性等特点，是目前市场装饰效果比较理想的板材，适用于各类家具、商场隔板、工艺品、风景装饰画等。

外墙UV色板是以高密度纤维水泥板作为基材，板材厚度一般在12 mm，利用UV光固化工艺对板材表面进行涂装装饰，在板材表面附上油漆涂层，通过UV紫外光的照射，瞬间固化成膜，且固含量高，硬度大。主要用于外墙的装饰，良好的装饰性，可以让建筑物的装饰焕发出光辉的色彩。

规格种类：

UV板按制作工艺分为彩绘UV板、金属UV板、贴皮UV板、玻璃UV板、浮雕UV板、喷绘UV板、钻石UV板。

4.1.9.14 聚酯吸音板

聚酯纤维吸音板全称为聚酯纤维装饰吸音板，是一种以聚酯纤维为原料经热压成型制成的兼具吸音功能的装饰材料。聚酯纤维吸音板是以100%聚酯纤维经高技术热压并以茧棉形状制成，实现密度多样性确保通风，成为吸音及隔热材料中的优秀产品，在125~4 000 Hz噪声范围内最高吸音系数达到0.9以上，根据不同需要缩短调节混响时间，清除声音杂质、提高音响效果、改善语言的清晰度，并具有装饰、保温、阻燃、耐磨、轻体、稳定、抗冲击、耐撕裂、易加工、维护简便等特点，成为室内装修首选的装饰吸音材料。

聚酯吸音板

聚酯纤维吸音板有 40 多种颜色，可以拼成各种图案。表面形状有平面、方块（马赛克状）、宽条、细条，板材可弯成曲面形状，可使室内体形设计更加灵活多变，富有效果，甚至可以将艺术绘画通过电脑复印在聚酯纤维吸音板上，使其更具装饰效果。

聚酯纤维吸音板适用于歌剧院、录音棚、播音室、电视台、多功能厅、会议室、音乐厅、大礼堂、体育馆、酒店、高级别墅或家居生活等对声学要求较高的场所。

4.1.9.15　无机预涂板

无机预涂板

无机预涂板又称洁净板、防火板，是以 100%无石棉的硅酸钙板为基材，在技术上履涂特殊聚酯进行表面处理，使其具有有效的防火性、抗老化性、耐水性，并保持亮丽的外观，给人以清洁感。

无机预涂板具有环保、轻质、防火、经济、尺寸稳定、易施工、防水、耐污染、抗菌、隔音隔热的特点。广泛应用于地铁、医院、隧道、学校、体育场馆、洗衣房、办公楼等内外墙各大领域场所。在潮湿处更能显示其优秀性能，如厨房、卫生间、阳台等。

无机预涂板在安装之前应尽可能保留出厂时的包装，宜存放于室内。如堆放在室外，堆放地点应平整，不得有积水且上空不应有起重设备和重物经过，板下用垫木垫高 20 cm，板与板之间要放置软性材料，同型号的板放置在一起，每垛板上应有易于识别的板型标签，并覆盖防雨油布。堆放场地应设置临时围挡，避免人员走动造成板材不必要的损坏。

4.1.9.16　立体浮雕墙纸

浮雕墙纸就是发泡壁纸。发泡壁纸是建立在 PVC 壁纸的生产工艺基础上，用掺有发泡剂的 PVC 糊状树脂，印花后再发泡而成。这类壁纸比普通壁纸显得厚实、松软。其中高发泡壁纸表面呈富有弹性的凹凸状；低发泡壁纸是在发泡平面上印有花纹图案，形如浮雕、木纹、瓷砖等效果。

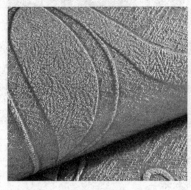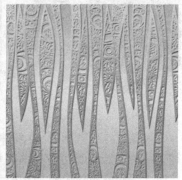

立体浮雕墙纸

4.1.9.17 无纺布墙纸

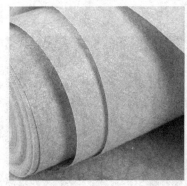

无纺布墙纸

无纺墙纸也叫无纺布墙纸或者无纺纸墙纸，是高档墙纸的一种。采用天然植物纤维无纺工艺制成，拉力更强、更环保，不发霉发黄，透气性好，是高品质墙纸的主要基材。无纺布墙纸源于欧洲，在法国流行，是最新型的环保材质之一。因其采用的是纺织中的无纺工艺，所以也叫无纺布，但确切地说应该叫无纺纸。

无纺布又称不织布，是由定向的或随机的纤维而构成，是新一代环保材料，具有防潮、透气、柔韧、质轻、不助燃、容易分解、无毒无刺激性、色彩丰富、可循环再用等特点。无纺布墙纸主要是化学纤维，例如涤纶、腈纶、尼龙、氯纶等经过加热熔融挤出喷丝然后经过压延花纹成型，或者由棉、麻等天然植物纤维经过无纺成型，更多是化学纤维和植物纤维经过混合无纺成型。业界称为"会呼吸的壁纸"，是目前国际上最流行的新型绿色环保材质，对人体和环境无害，完全符合环保安全标准。

因无纺产品色彩纯正、视觉舒适、触感柔和、吸音透气、典雅高贵，是高档家庭装饰的首选。与普通墙纸相比更易张贴，更防水，不易扒缝，无翘曲，接缝处完好如初，天然品质，气味芳香，时尚气派。

4.1.9.18 液体墙纸

液体墙纸

液体墙纸也叫墙纸漆，是集墙纸和乳胶漆优点于一身的环保型涂料，可根据装修者的意愿创造不同的视觉效果，既克服了乳胶漆色彩单一、无层次感的缺陷，又避免了壁纸容易变色、翘边、有接口等缺点。液体墙纸也可称液体壁纸、液体壁纸漆、液态壁纸、液态墙纸、壁纸漆等，是一种新型墙艺漆，具备环保健康色彩丰富、图案个性化等特点。

4.1.9.19 特种壁纸

吸湿墙纸：日本发明了一种能吸湿的墙纸，它的表面布满了无数的微小毛孔，$1 m^2$ 可吸收 100 mL 的水分，是卫生间墙壁的理想装饰品。

杀虫墙纸：美国发明了一种能杀虫的墙纸，苍蝇、蚊子、蟑螂等害虫只要接触到这种墙纸，很快便会被杀死，它的杀虫效力可保持 5 年。该墙纸可以擦洗，不怕水蒸气和化学物质。

调温墙纸：英国研制成功一种调节室温的墙纸，它由 3 层组合而成，靠墙的里层是绝热层，中间是一种特殊的调温层，是由经过化学处理的纤维所构成，最外层上有无数细孔并印有装饰图案。这种美观的墙纸，能自动调节室内温度，保持空气宜人。

防霉墙纸：在日光难以照射到的房屋，如北边房间、更衣室、洗浴间以及一些低矮阴暗的房间，使用这种日本研制的含有防腐剂的墙纸，能有效地防霉、防潮。

保温隔热墙纸：德国最近生产出一种特殊的墙纸，具有隔热和保温的性能。这种墙纸只有 3 mm 厚，其保温效果则相当于 27 cm 厚的石头墙。

暖气墙纸：英国研制成功一种能够散发热量的墙纸，这种墙纸上涂有一层奇特的油漆涂料，通电后涂料能将电能转化为热量，散发出暖气，适宜冬天贴用。

戒烟墙纸：美国一公司推出可帮助人戒烟的墙纸，在贴有这种墙纸的房间内吸烟，吸烟者会感到香烟并不"香"，反而有恶心感，从而促使其戒烟。原来，这种墙纸在制作过程中加入了几种特殊的化学物质；而这些化学物质能持久地散发出一种特殊气味，若有人吸烟，这种气体就能刺激吸烟者的感觉系统，产生厌恶香烟的感觉。随着科学技术的进步和人民生活水平的日益提高，具有不同风格和适合不同需要的各种墙纸新产品，将会被陆续研制开发出来，为营造美好舒适健康的室内环境做出新的贡献。

健康型环保墙纸：精选天然植物粗纤维，用科学方法精制而成。表面富有弹性，且隔音、隔热、保温，手感柔软舒适。最大的特点是无毒、无害、无异味，透气性好，而且纸型稳定，随时可以擦洗，使用寿命高于普通墙纸两倍以上。因此，这种新型墙纸越来越受到人们的推崇，并认为必将成为今后一段时期装饰材料市场的"主旋律"。

天然材面墙纸：它是以纸为基材，以编织的麻、草为面层经复合加工而制成的一种新型室内装饰材料。具有阻燃、吸音、透气、散潮湿、不变形等优点。这种墙纸，具有自然、古朴、粗犷的大自然之美，富有浓厚的田园气息，给人以置身于自然原野之中的感受。

化纤墙纸：它是以化纤为基材，经一定处理后印花而成。具有无毒、无味、透气、防潮、耐磨、无分层等优点，适用于一般住宅墙面装饰。

棉质墙纸：它以纯棉平布经过前期处理、印花、涂层制作而成。具有强度高、静电小、无光、吸音、无毒、无味、耐用、花色美丽大方等特点。适用于较高级的居室装饰。

织物墙纸：用丝、毛、棉、麻等天然纤维，经过无纺成型、上树脂、印制彩色花纹而成的一种新型贴墙材料。它具有挺括、富有弹性、不易折断、纤维不老化、色彩鲜艳、粘贴方便，以及有一定透气性和防潮性、耐磨、不易褪色等优点。但这种墙纸表面易积尘，且不易擦洗。

玻璃纤维印花墙纸：它是以玻璃纤维布为基材，表面涂以耐磨树脂，印上彩色图案而制成的。具有色彩鲜艳、花色繁多、不褪色、不老化、防火、耐磨、施工简便、粘贴方便、可用皂水洗刷等特点。

4.1.9.20 新型复合马赛克

真皮马赛克　　　　　　木质马赛克　　　　　　金属马赛克

（一）真皮马赛克

全真皮马赛克是一个全新的概念，由多个工序处理而成。用真皮做成的马赛克因其具有豪华气派、气宇轩昂、结实耐用等特点，成为马赛克市场的新宠。真皮马赛克现多用于大型酒店、娱乐场所、豪宅等的装修设计，因真皮马赛克能经历时间的磨砺，时尚、大气、奢华而美观，倍受高端人群的喜爱。

（二）木质马赛克

木质马赛克是以木为原料，用手工或机械的方法加工出外形如釉面砖的马赛克，然后将马赛克按照一定的图案拼排粘贴在地面、墙面、天棚以及其他需要装修装饰的物面上。木质马赛克花色品种式样繁多、美丽高雅、经久耐用、保温、隔音、取材容易、加工简单，不仅为室内装饰装修提供了一种新途径，而且为开发木资源开辟了一条新路。

（三）金属马赛克

金属马赛克可用在一个装饰面上，灵活运用各色各样精美的几何排列，既可作为颜色的渐变，也可以作为其他装饰材料的点缀，将材料本身的典雅气质和浪漫情调演绎得淋漓尽致，通常这种时尚和前卫的马赛克多用于充满现代感的卫生间中。

一般的金属马赛克表面烧有一层金属釉，也有的在马赛克表面紧贴一层金属薄片，上面则是水晶玻璃。前者是陶瓷质地，后者是玻璃质地，二者都较为常见，并非真正意义上的金属马赛克。真正的金属马赛克的材料是纯金属，金属马赛克因其独有的厚重质感可以彰显其尊贵风范。豪华的装饰和时尚前卫的商业空间因金属马赛克而更显奢侈和新潮，具有强有力的视觉冲击和诱惑力。加上其环保、无辐射等特性，使其正式成为越来越多追求高品质生活的人追捧的对象。

随着金属装饰材料的发展，金属马赛克的工艺也得到了一定改进，在建筑装饰中也被广泛应用。金属马赛克颗粒的一般尺寸有：20 mm×20 mm、25 mm×25 mm、30 mm×30 mm、50 mm×50 mm 和 100 mm×100 mm 等。

4.1.9.21　麦秸板

麦秸板

麦秸板是利用农业生产剩余物麦秸制成的一种性能优良的人造复合板材。麦秸板在性能方面处于中密度纤维板和木质刨花板之间，它是一种像中密度板一样匀质的板材，而且具有非常光滑的表面，其生产成本比刨花板还低；它在强度、尺寸稳定性、机械加工性能、握钉力、防水性能、贴面性能和密度等方面都胜过木质刨花板；它无甲醛释放，因而不污染环境；它不依靠日益短缺的木材原料，而使用每年都可更新的廉价且取之不竭的麦秸为原料，固而能满足建筑和家具工业对它日益增长的需求。

麦秸板可广泛用于墙体、屋面和地板的底衬板，是框架结构建筑中使用量最大的材料之一，既隔热保温隔音防潮，又增加房屋的空间体积，可大大减少高耗能的钢材、水泥、砖瓦的运用，还可减少对森林的砍伐。

4.1.9.22　智能调光玻璃

智能调光玻璃又称电控魔术玻璃，是一种智能型高档玻璃，具有安全、环保、隔音的特点。智能调光玻璃采用独特的液晶支柱，可通过电源电压的调节来控制实现玻璃在透明和不透明之间的转换。通电状态为透明，断电状态为不透明，这一变化实现了玻璃的通透性和保护隐私的双重要求，同时智能调光玻璃采用夹层玻璃的制造工艺，使得智能调光玻璃拥有夹层玻璃的各项性能。

智能调光玻璃

智能调光玻璃分为普通白玻璃、超白玻璃、有色玻璃等，厚度可为 4 mm、5 mm、6 mm、8 mm、10 mm。夹层厚度约为 1.14 mm。

智能调光玻璃应用范围为阳台飘窗、酒店淋浴室、室内空间隔断、小型家庭影院、办公室、会议室隔断、高档建筑、控制中心、展示柜、广告牌、博物馆和教堂等。

4.1.9.23 吸音海绵

吸音海绵

吸音海绵是由三聚氰胺泡沫加工而成，具有独特的吸音、隔热、阻燃、耐高温、质轻等综合性能。在建筑装饰、交通车辆、水上船舶、航空航天、机电设备、工业吸音保温等领域中获得广泛使用。吸音海绵主要分为以下几种：

（一）金字塔吸音海绵

金字塔吸音海绵具有独特的外形和良好的声学特性。基于这种设计，金字塔吸音海绵强化了其安装功能，它提供了一个最小量的接缝。这可以让安装后更加美观。同时由于它的四棱锥外形，它还提供了一点额外的扩散，可使声音更有活力。

（二）楔形吸音海绵

楔形吸音海绵是吸音海绵组件中重要的组成部分，它和其他产品联合起来可以组成一个宽频带吸收体，可扩展的组合方案可以让其足以应对各种大小、种类的空间，例如录音室、控制室、工作室、家庭影院、教室和多功能厅等。

（三）波峰吸音海绵

形状独特的波峰吸音海绵，用于隔音降噪。它对高频的吸收能力非常强，也可以做吸音处理，以及要求较高的回放房间，例如控制室、混音室、听音室、家庭影院等。波峰吸音海绵也常常使用在精密仪器、电子仪器的包装中。作为包装垫，它能很好地缓冲振动，保护设备，同时阻燃的特性，也让仪器更加地安全。

4.2 顶棚装饰材料

室内空间上部的结构层或装修层，为室内美观及保温隔热的需要，多数设顶棚（吊顶），把屋面的结构层隐蔽起来，以满足室内使用要求，又称天花、天棚、平顶，包括直接式顶棚和悬吊式顶棚。悬吊顶棚可节约空调能源消耗，结构层与吊顶棚之间可作布置设备管线之用，一般由骨架、基层、面层三部分组成。

顶棚一般具有以下作用：

（1）创造良好的空间气氛。

室内顶棚与地面、墙面等的材料选用应进行统一设计，将室内的色彩、肌理、光影等综合运用，以便与室内空间的使用性质相协调。

（2）顶棚造型别致，光感良好，保护隐蔽设施。

顶棚造型多样而统一，设计效果良好，除了能保护隐蔽设施，还要考虑预留检修口。

（3）注重防火功能。

4.2.1 顶棚龙骨材料及快装龙骨吊顶系统

4.2.1.1 顶棚龙骨材料

（一）轻钢（烤漆）龙骨

轻钢（烤漆）龙骨，是一种新型的建筑材料，一般采用薄壁镀锌钢带、冷轧钢带或彩色喷塑钢带经机械压制而成，其钢带厚度为 0.5~1.5 mm。轻钢（烤漆）龙骨吊顶具有质量轻、强度高、适应防水、防震、防尘、隔音、吸音、恒温等功效，同时还具有工期短、施工简便等优点。

轻钢（烤漆）龙骨

轻钢龙骨与烤漆龙骨的区别在于一般的轻钢龙骨不做涂面处理，制作镀层（镀锌），而烤漆龙骨表面做过烤漆，一般分黑色和白色，少数根据设计要求烤成其他颜色，主要是因为烤漆龙骨大部分用在明龙骨，烤漆是为了保证外露部分不上锈而影响美观。

轻钢（烤漆）龙骨按断面形式有 V 形、C 形、T 形、L 形龙骨。用作吊顶，其常用规格有 D38、D45、D50 和 D60。

（二）铝合金龙骨

铝合金龙骨，是室内吊顶装饰中常用的一种材料，是将铝合金型材表面经阳极氧化或氟碳喷涂处理后而成的，有较好的装饰效果、耐腐蚀性能好，具有自重轻、加工方便、安装简单等优点。可以起到支架，固定和美观作用，与之配套的是硅钙板和矿棉板、硅酸钙板等。

铝合金龙骨

铝合金龙骨，一共分为 3 个部分，一是主龙（行业内称之为大 T），二是副龙（行业内称之为小 T），三是修边角，大 T 常规长度是 3 m，小 T 常规长度是 610 mm，通用的规格是 600 mm×600 mm 与 610 mm×610 mm。

（三）木龙骨

木龙骨是我国传统的吊顶龙骨材料，制作方法是将木材（一般为松木）加工成方形或长方形条状，用于撑起外面的装饰板，起支架作用。在施工中有主龙骨、次龙骨之分，使用时主要考虑龙骨受力的刚度、稳定性，以及跨度和面层材料的质量大小来选用。

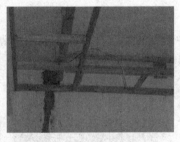

木龙骨

主龙骨的规格一般有截面 30 mm×40 mm、40 mm×60 mm、60 mm×80 mm 等，长度为 3 m；

次龙骨的规格一般由截面 20 mm×30 mm、25 mm×35 mm、30 mm×40 mm 等，长度为 3 m。

4.2.1.2 快装龙骨吊顶系统

快装龙骨吊顶系统结合轻质隔墙系统，单独开发支撑龙骨，将轻质吊顶板以搭接的方式布置于现有墙板上，不与结构顶板做连接的吊件，不破坏结构、施工便捷、施工效率高、易维护。

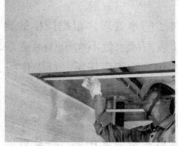

快装龙骨吊顶系统

4.2.2 顶棚面层材料

现代装修施工中使用的基层、面层材料可分为下面 4 类：
（1）植物型板材：胶合板、纤维板、刨花板、细木工板等。
（2）矿物型板材：石膏板、矿棉装饰吸声板、玻璃棉装饰吸声板、轻质硅酸盐板。
（3）金属型板材：铝合金装饰板、铝塑复合板、金属微孔吸声板等。
（4）其他类型材料：涂料类、PVC 扣板、纤维织物、玻璃等。

4.2.2.1 纸面石膏板

纸面石膏板是以建筑石膏为主要原料，掺入适量添加剂与纤维做板芯，以特制的板纸为护面，经加工制成的板材，具有重量轻、隔声、隔热、加工性能强、施工方法简便的特点。

纸面石膏板

纸面石膏板的品种很多，市面上常见的纸面石膏板有以下 3 类：

（一）普通纸面石膏板

象牙白色板芯，灰色纸面，是最为经济与常见的品种。适用于无特殊要求的使用场所，使用场所连续相对湿度不超过 65%。因为价格的原因，很多人喜欢使用 9.5 mm 厚的普通纸面石膏板来做吊顶或间墙，但是由于 9.5 mm 普通纸面石膏板比较薄、强度不高，在潮湿条件下容易发生变形，因此建议选用 12 mm 以上的石膏板。同时，使用较厚的板材也是预防接缝开裂的一个有效手段。

（二）耐水纸面石膏板

其板芯和护面纸均经过了防水处理，根据国标的要求，耐水纸面石膏板的纸面和板芯都必须达到一定的防水要求（表面吸水量不大于 160 g，吸水率不超过 10%）。耐水纸面石膏板适用于连续相对湿度不超过 95%的使用场所，如卫生间、浴室等。

（三）耐火纸面石膏板

其板芯内增加了耐火材料和大量玻璃纤维，如果切开石膏板，可以从断面处看见很多玻璃纤维。质量好的耐火纸面石膏板会选用耐火性能好的无碱玻纤，一般的产品都选用中碱或高碱玻纤。

纸面石膏板种类、规格、执行标准见表 4-4、4-5、4-6。

表 4-4　纸面石膏板的种类及适用建筑档次

种　类	适用建筑档次
普通纸面石膏板（代号 P）	一般
高级普通纸面石膏板（代号 GP）	中档、较高档或高档
耐水纸面石膏板（代号 S）	一般
高级耐水纸面石膏板（代号 GS）	中档、较高档或高档
耐火纸面石膏板（代号 H）	一般
高级耐火纸面石膏板（代号 GH）	中档、较高档或高档
高级耐水耐火纸面石膏板（代号 GSH）	中档、较高档或高档
普通装饰纸面石膏板（代号 ZP）	中档、较高档或高档
防潮装饰纸面石膏板（代号 ZF）	中档、较高档或高档

注：装饰石膏板是以纸面石膏板为基材，在其正面经涂敷、压花、贴膜等加工后，用于室内装饰的板材。

表 4-5　纸面石膏板规格　　　　　　　　　　　　　　　单位：mm

长　度	1 800、2 100、2 400、2 700、3 000、3 300、3 600
宽　度	900、1 200
厚　度	9.5、12.0、15.0、18.0、21.0、25.0 执行外国标准的尚有 12.7 和 15.9

注：可根据用户要求，生产其他规格尺寸的板材。

表 4-6 纸面石膏板执行标准

种　类	执　行　标　准
普通纸面石膏板（代号 P）	GB/T 9775—1999
高级普通纸面石膏板（代号 GP）	主要指标高于 GB/T 9775—1999
耐水纸面石膏板（代号 S）	GB/T 9775—1999
高级耐水纸面石膏板（代号 GS）	ASTMC630 和 GB/T 9775—1999
耐火纸面石膏板（代号 H）	GB/T 9775—1999
高级耐火纸面石膏板（代号 GH）	ASTM C36 和 GB/T 9775—1999
高级耐水耐火纸面石膏板（代号 GSH）	ASTM C630M-00 和 GB/T 9775—1999
普通装饰纸面石膏板（代号 ZP）	JC/T 997—2006
防潮装饰纸面石膏板（代号 ZF）	JC/T 997—2006

注：从设计选用角度，将市场产品按质量分为标准板（即代号为 P，S，H 者）和高级板（即代号为 GP，GS，GH，GSH 者）。标准板完全符合 GB/T 9775—1999《纸面石膏板》，而高级板则除应满足 GB/T 9775—1999 外，尚应全部或部分符合美国或德国标准。

4.2.2.2 矿棉装饰吸声板

矿棉装饰吸声板是以粒状棉为主要原料加入其他添加物高压蒸挤切割制成的一种新型环保建材，表面一般有无规则孔（俗称：毛毛虫）或微孔（针眼孔）等多种，表面可涂刷各种色浆（出厂产品一般为白色）。

矿棉装饰吸声板

矿棉装饰吸声板最大的特点是具有很好的吸声效果，其表面有滚花和浮雕等效果，图案有满天星、十字花、中心花、核桃纹等。其作用能隔音、隔热、防火，高档一点儿的产品还不含石棉，对人体无害，并有防下陷功能，是集众多吊顶材料之优势于一身的室内天棚装饰材料，广泛用于各种建筑吊顶以及室内装修（如宾馆、饭店、剧场、商场、办公场所、播音室、演播厅、计算机房及工业建筑等）。矿棉装饰吸声板还能控制和调整混响时间，改善室内音质，降低噪声，改善生活环境和劳动条件。但房间内湿度大时不宜安装矿棉装饰吸声板。

常见矿棉装饰吸声板的规格有 300 mm×600 mm×9/13/15/18 mm、600 mm×600 mm×12/13/15/18/30 mm、1 200 mm×600 mm×12/13/15/18 mm 等，以及半径≤600 mm 的曲面板材。

4.2.2.3 铝合金装饰板

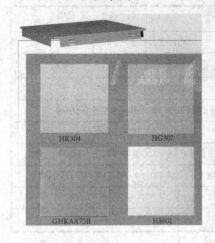 

铝合金装饰板

铝合金装饰板又称为铝合金压型板或天花扣板，用铝、铝合金为原料，经辊压冷压加工成各种断面的金属板材，具有质量轻、强度高、刚度好、耐腐蚀、经久耐用等优良性能。板表面经阳极氧化或喷漆、喷塑处理后，可形成装饰要求的多种色彩。

铝合金装饰板板面平整，棱线分明，吊顶系统体现出整齐、大方、富贵高雅、视野开阔的外观效果。铝扣板具备阻燃、防腐、防潮的优点，而且装拆方便，每件板均可独立拆装，方便施工和维护。如需调换和清洁吊顶面板时，可用磁性吸盘或专用拆板器快速取板，也可在穿孔板背面覆加一层吸音面纸或黑色阻燃棉布，能够达到一定的吸音标准。

选择铝合金装饰板的关键不在于厚薄，而在于用料，家用板材 0.6 mm 就可以了，因为铝合金装饰板不像塑钢板那样存在跨度问题，选择的关键在板子的弹性和韧性，其次是表面处理。

铝合金装饰板有以下几种：

（1）铝合金方板（扣板），规格有 436 mm×610 mm×0.8 mm（化学着色不抛光和本色抛光两种），275 mm×410 mm×0.8 mm（褐色不抛光和褐色抛光两种），415 mm×600 mm×0.8 mm（本色抛光和化学着色抛光两种），480 mm×270 mm×0.8 mm（本色抛光），420 mm×240 mm×0.8 mm（褐色抛光）。

（2）铝合金花纹板，长 2 000～10 000 mm，宽 1 000～1 600 mm，厚 1.5～7.0 mm。

（3）铝合金波纹板，包括两种波形：

"W"形，长 1 700～3 200 mm，宽 1 008 mm，厚 0.7、0.8、0.9、1.0、1.2 mm。

"V"形，长 3 200～6 200 mm，宽 826 mm，厚 0.7、0.8、0.9、1.0、1.2 mm。

（4）铝合金穿孔板，规格有 495 mm×495 mm×（50～100）mm（平面式），750 mm×500 mm×100 mm（块体式），板厚均为 1 mm，孔径均为 $\phi 6$ mm。

4.2.2.4 铝塑复合板

铝塑复合板（又称铝塑板）作为一种新型装饰材料，是由多层材料复合而成，上下层为高纯度铝合金板，中间为无毒低密度聚乙烯（PE）芯板，其正面还粘贴一层保护膜。对于室外，铝塑板正面涂覆氟碳树脂（PVDF）涂层，对于室内，其正面可采用非氟碳树脂涂层。

铝塑复合板

铝塑复合板由性质截然不同的两种材料（金属和非金属）组成，它既保留了原组成材料（金属铝、非金属聚乙烯塑料）的主要特性，又克服了原组材料的不足，进而获得了众多优异的材料性质，如豪华性、耐候、耐蚀、耐撞击、防火、防潮、隔音、隔热、抗震性，同时还具有质轻、易加工成型、易搬运安装等特性。

按产品功能分类，铝塑复合板分为防火板、抗菌防霉铝塑板、抗静电铝塑板；按表面装饰效果分类，铝塑复合板分为涂层装饰铝塑板、氧化着色铝塑板、贴膜装饰复合板、彩色印花铝塑板、拉丝铝塑板、镜面铝塑板。

铝塑复合板的厚度有 3 mm 和 4 mm 两种，标准宽度为 1 220 mm（最近几年，由于受出口的影响，好多厂家可以做到 1 600 mm、2 000 mm 宽度的铝塑复合板），标准长度为 2 440 mm（其中 6 000 mm 长度以内可以根据客户要求任意定尺）。

4.2.3 新型顶棚装饰材料

4.2.3.1 水泥纤维板

水泥纤维板

水泥纤维板（又称纤维水泥板），是以硅质、钙质材料为主原料，加入植物纤维，经过制浆、抄取、加压、养护而成的一种新型建筑材料。经过高压生产的水泥纤维板又叫纤维水泥压力板，其性能比没有加压的水泥纤维板更好。水泥纤维板具有防火绝缘（A 级）、防水防潮、隔热隔音、质轻高强、施工简易、经济美观、安全无害、寿命长等特点，而且可加工及二次装修性能好。

规格种类：

纤维水泥板的长宽标准规格是 1 200 mm×2 400 mm 和 1 220 mm×2 440 mm，厂家基本都可以定做长度在 2 000~2 500 mm，宽度在 1 000~1 250 mm 之内任何规格，其他规格的可以在此基础上进行切割。纤维水泥板的厚度有 2.5、3、3.5、4、5、6、8、9、10、12、15、18、20、24、25、30、40、60、90 mm 等，有实力的厂家可以定做 2.5~100 mm 之内的任何厚度。厚度 4 mm 以下称为超薄板，4~12 mm 的称为常规板，15~30 mm 及其以上的称为厚板，30 mm 以上的称为超厚板。

水泥纤维板的应用范围十分广泛，薄板可用于吊顶材料，可以穿孔作为吸音吊顶，常规板可用于墙体或装饰材料，厚板可当作钢结构楼层板、阁楼板、外墙保温板、护墙板等。适用于商务大厦、娱乐空间、商场、酒店、工厂、仓库、隧道、新型住宅、医院、剧院和车站等场所。

4.2.3.2 GRP 天花板

GRP 天花板

GRP 天花板是由特殊优化聚酯，各种助剂经高速分散后与强化玻纤和功能性填料经专业捏合机混合成团料后，由液压机进行高温高压模压固化成型。该工艺成型快、成型精确、产品稳定性好、自动化程度高，是新一代的高端复合材料加工工艺的代表。

GRP 材料作为一种新兴的高端材料，被广泛应用于航空、航天、高端列车厢体、汽车零部件、精密电子产品等领域。GRP 天花板在常规应用的基础上，对材料进行了进一步的改良和优化，使其不仅具有质轻、强度高、耐腐、耐用、耐老化、阻燃等特点外，还具备了抗菌、抗污、防潮、环保等特点，同时该产品具有色彩丰富、选型多样、装饰效果极佳等特点。它可广泛应用于高档写字楼、大型商业建筑、工业建筑以及民用家居等吊顶场所。

4.2.3.3 软膜天花

软膜天花在 19 世纪始创于瑞士，1995 年引入中国。这是一种近年被广泛使用的室内装饰材料。软膜采用特殊的聚氯乙烯材料制成，厚度为 0.18~0.2 mm，每平方米质量一般为 180~320 g，其防火级别为 B1 级。软膜天花通过一次或多次切割成形，并用高频焊接完成，同时需要在实地测量出天花尺寸后，在工厂里制作完成。

软膜天花可配合各种灯光系统（如霓虹灯、荧光灯、LED 灯）营造梦幻般、无影的室内灯光效果，同时摒弃了玻璃或有机玻璃的笨重、危险以及小块拼装的缺点，已逐步成为新的装饰亮点。软膜天花可分为光面膜、透光膜、缎光膜、鲸皮面、金属面、基本膜。适用于办公楼、医院、别墅、浴室、厨房、学校、网吧、体育场、宾馆、餐厅、酒吧、专卖店、机场、地铁、博物馆等场所。

软膜天花

4.2.3.4 不锈钢天花

异形不锈钢吊顶天花板和镂空不锈钢吊顶天花板都是一种新型天花板,特别受大型会所、星级酒店、豪华夜总会、KTV等装饰装修的青睐,具有耐磨、耐压、耐蚀性等特点。

  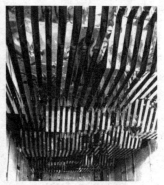

不锈钢天花

5 门窗系统

门窗系统（又称为系统门窗或系统窗），是指组成一樘完整的门窗各个子系统的所有材料（包括型材、玻璃、五金、密封胶、胶条、辅助配件及配套纱窗），均经过严格的品牌技术标准整合和多次实践的标准化产品，利用专用的加工设备和安装工具，并按照标准的工艺加工和安装的门窗。对于"系统窗"和"普通窗"的区别，可以通过电脑的"品牌机"和"组（拼）装机"做比喻，目前在项目招标中经常提到的"高档断桥铝合金窗"，即使各项材料均使用一些品牌产品，但门窗整体缺乏统一的技术设计整合，构成门窗的各个子系统的材料之间配置不合理，兼容性不好，很难保证整窗的优异性能，更无法达到甲方项目最优的性能价格比要求。门窗系统不仅仅只是材料成系统，还需要系统技术支持，系统的售后服务。一站式服务的门窗才能真正成为系统门窗。目前市场上的门窗系统品牌相对具有完整体系的还比较少。

建筑室内常用门窗材料有木、钢、铝合金、塑料、玻璃等。

5.1 门

5.1.1 实木门

实木门

实木门是由实木直接制作而成，特点是无复合材料，比较环保，但是价格昂贵，高档宾馆普遍采用的就是实木门。按照面材有胡桃木、樱桃木、沙比利、红木、枫木、柚木、黑檀、花梨、紫薇、斑马、橡木、楸木、水曲柳、铁桃木等几十种实木门，由于实木门具有天然、独一无二的纹理，一直受到消费者喜爱。

实木门主要特点：

（1）天然性：原木门所具有的能够满足人们享受自然的特性。在科学技术高度发展的今天，人工合成的材料越来越多，天然材料却日益短缺。但由于人们环保意识和自我保护意识的增强，对天然材料的追求已成为一种时尚，这就使原木门的天然性，成为人们十分重视的一种特性。

（2）华贵性：原木门往往取材于珍贵树种而且加工工艺精雕细琢的特性。由于人们消费水平的不断提高，用以制作原木门的木材不再是普通的木材，一般都是一些具有很多优良特性的珍贵树种，如山毛榉、水曲柳等，这就使原木门单从材质上讲就具有很好的质感和观感。同时，材料的成本较高，无形中又促进了人们在制作过程中的精细程度提高，从而进一步提高了其观赏性。

但是，由于原木门材料成本高，材料的利用率又受到木材天然缺陷的极大制约，在木材综合利用技术高度发展的今天，从某种意义上讲制作原木门是一种较大的资源浪费。因而原木门的普及应用受到很大制约。

5.1.2 实木复合门

实木复合门就是门套为实木，中间为密度板，不过现在有的实木复合门的门套也是密度板制成的。实木复合门的表面处理有两种方式：一种是在密度板上贴上木皮后，喷漆；另一种是贴木纹纸，木纹纸就是在一种特殊的纸表面印上木头的纹理，然后上漆。

实木复合门的优点是：

（1）材型不受限制。

（2）因为是贴木纹纸或木皮，所以颜色也不受限制。

（3）价格便宜。

档次高的实木复合门的板好，木皮珍贵，门套为实木，档次低的一般是由密度板制成。

5.1.3 竹木门

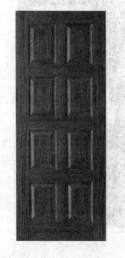

竹木门

竹木门就是先将竹子风干脱水，磨成竹粉，再加胶压成竹木板，最后制成竹木门。因为竹子的稳定性高，所以竹木门比密度板强。

但是它也有缺点：首先由两块竹木板和制成，中间是空的；其次竹子比较脆，韧性不够，易坏；再次只有南方产竹子，所以只有南方才能生产竹木门，因此供货周期长。

5.1.4 钢木门

钢木门

钢木门就是在密度板门的表面包上一层很薄的钢面，然后再钢面上贴上蜂窝纸。门框与门扇完美结合，安装简便、省时、省工、省料、省钱，属经济实惠产品。

5.1.5 高分子门

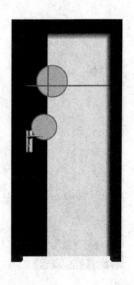
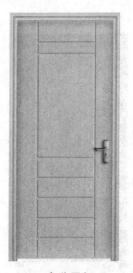
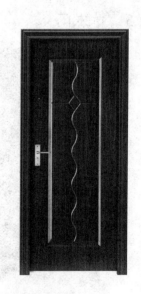

高分子门

高分子门和钢木门相似,就是把钢板换成了高分子板,高分子板的厚度在 2 mm 左右。

高分子板里面包的是密度板,所以高分子门表面防水,内部不防水;因为包在外面的高分子板只有 2 mm,如果里面的密度板受潮变形,外面也会变形。

5.1.6 木塑门

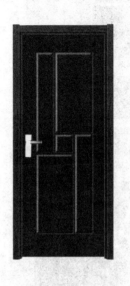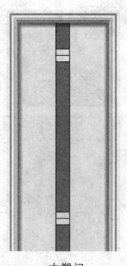

木塑门

木塑门分为纯PVC发泡门和木粉PVC发泡门两种。采用木材超细粉粒与高分子树脂混合,通过模塑化工艺制造而成,兼有木材和塑料的优良特性,生产的制品达到了真正仿木的效果。使用的原料和生产过程没有使用胶水粘合,不会产生甲醛、苯、氨、三氯乙烯等有害物质,是替代传统木材的绿色环保新型材料。在操作方面,木塑与原木一样,可钉、可钻、可刨、可粘,表面光滑细腻,无须砂光和油漆。同时,木塑的油漆附着性好,消费者可以根据个人喜好上漆。作为一种新型的木材替代材料,木塑可广泛应用于建筑装饰和户外建材等领域,如边角线、刨花板条、门窗线、木塑地板、花圃栅栏、踢脚板、天花线、百叶窗、楼梯扶手、装饰墙板品、户外亭台等,绝大多数的室内外装饰建材均可用木塑来制造。特别值得指出的是,木塑具有防水防火功能,从而可用于厨房、盥洗室等的装饰,而这是原木所不能及的。木塑制品现已引起国际上的广泛重视,被誉为绿色环保新型材料,将具有广阔的发展前景。

5.1.7 生态套装门系统

装配式生态门窗系统对用于建筑物外墙的套装门和窗要求极为严格。门扇由铝型材与板材构成,通过嵌入结构内嵌其中,并采用集成装饰纹理饰面,使套装门具有防水、防火、耐刮擦、抗磕碰、抗变形的特征;门窗、窗套采用镀锌钢板冷轧,并在表面用集成装饰纹理饰面,使窗套防晒、耐水、耐潮、耐老化;无甲醛,生态环保,大大提高装配率。

生态套装门系统

5.2 窗

5.2.1 钢门窗

钢门窗

钢门窗料型分力实腹式和空腹式两大类别。

意大利 Secco 公司在原有镀锌板组角窗基础上发展起来的一种新型空腹钢窗。我国目前的产品系列除国外引进的 46 系列彩板平开窗及 70 系列推拉窗外,又先后开发出适合我国国情的 30、35 系列平开窗及 80 系列推拉窗。该门窗内外框采用插接件（各种芯板）用螺丝组装成框,以连续工业化生产方式完成了所有零、附件和玻璃的切割与密材条的装配,是以一个完整的建筑构件形式提供给建筑工地。这种门窗耐蚀性好,节能效果明显,装饰性强,隔音性好,其推拉系列填补了钢门窗的一项空白,很快便成为我国中高档建筑较适宜的产品。

5.2.2 铝合金门窗

铝合金门窗

铝合金门窗是表面处理过的铝材经下料、打孔、铣槽、攻丝等加工,制作成门窗框料的构件,然后与连接件、密封件、开闭五金件一起组合装配成门窗。

门窗安装时,将门、窗框在抹灰前立于门窗洞处.与墙内预埋件对正,然后用木楔将三边固定。经检验确定门、窗框水平、垂直、无翘曲后,用连接件将铝合金框固定在墙（柱、梁）上,连接件固定可采用焊接、膨胀螺栓或射钉等方法。

其铝材颜色由古铜色,白色逐渐向彩色发展。对铝材的表面处理,除氧化、电泳涂漆外,增加了树脂喷涂、油漆喷涂和氟碳喷涂。为了表面更光滑,还采用了化学磨光和喷沙磨光。为了减少铝型材的热传导,有些企业已开始生隔势断桥铝型材。

铝合金门窗的优势在世界上已有几十年历史,它的独特性能已被世人所公认,体轻、耐蚀、强度高、刚度高、无毒、耐高温、防火性能好、使用寿命长,可满足各种复杂断面的多种功能,是一般材料很难替代的。

据不完全统计,目前在我国建筑铝制品行业中约六大类 30 多个系列上千种规格,其中:门窗系列主要有 38、40、42、46、50、52、54、55、60、64、65、70、73、80、90、100;幕墙系列有 60、100、120、125、130、140、150、155。型材颜色有银白、古铜、金黄、枣红等色系。

5.2.3 塑料门窗

塑料门窗是以聚氯乙烯、改性聚氯乙烯或其他树脂为主要原料,轻质碳酸钙为填料,添加适量助剂和改性剂,经挤压机挤成各种截面的空腹门窗异型材,再根据不同的品种规格选用不同截面异型材料组装而成。塑料的变形大、刚度差，一般在型材内腔加入钢或铝等，以增加抗弯能力，即所谓的塑钢门窗，较之全塑门窗刚度更好，质量更轻。

塑料门窗

塑料门窗线条清晰、挺拔，造型美观，表面光洁细腻，不但具有良好的装饰性，而且有良好的隔热性和密封性。其气密性为木窗的 3 倍，铝窗的 1.5 倍；热损耗为金属窗的 1/1 000；隔声效果比铝窗高 30 dB 以上。同时，塑料本身具有耐腐蚀等功能，不用涂涂料，可节约施工时间及费用。因此，在国外发展很快，在建筑上得到大量应用。

塑钢门窗是继木、钢、铝合金之后的第四代门窗，保温、耐火、防水、防腐、隔音等性能是木窗、钢窗、铝合金门窗无法比拟的，其价格适中，外观豪华，款式多样，密封性好，防火阻燃，不易变形，强度好，安装方便，工艺讲究，是新一代门窗材料，具有广阔的前景。

5.2.4 玻璃钢门窗

玻璃钢门窗被业内人士称为第五代门窗，它有质量轻、高强度、防腐、保温、绝缘、隔音等诸多性能上的优势，正在逐渐被人们所认识。

玻璃钢门窗

玻璃钢型材是以玻璃纤维及其制品为增强材料，以不饱和聚酯树脂为基体的玻璃纤维增强复合材料，用它制成的门窗与其他材料相比，既有钢窗、铝窗的坚固性，又有塑料门窗的保温、节能、隔音性能，同时还具有高温不膨胀、低温不收缩、质量轻、强度高、无需钢衬加固等优点。

5.2.5 彩钢窗

彩钢窗

彩钢门窗是节能型门窗，是传统钢门窗的换代产品，是符合行业技术政策的新型门窗产品。它与传统的钢门窗有许多质的变革：由于采用镀锌基板和耐蚀树脂涂层，彻底克服了普通钢窗的腐蚀问题，耐久性达到 25 年；由于采用冷弯成型咬口封闭工艺，实现了组合装配深加工艺，摆脱了普通钢窗的传统的焊接工艺，实现了工艺技术的突破；门窗结构采用全周边密封构造，彻底克服了普通钢窗的密封问题，气密性、水密性和抗风强度等基本物理性能达到了建筑门窗的先进水平；窗型可以根据使用功能变化，颜色可以根据设计选择，装饰效果好；彩钢门窗产品品种多、经济适用，能满足住宅工程配套需要；特别是抗风强度与其他门窗相比，有更大的优势。

5.3 门窗五金材料

五金类产品在门窗工程中起着不可替代的作用，五金类产品种类繁多，规格各异，选择好的五金配件可以使装修更安全、实用、便捷。在装配式模块化生产的门窗结构中，也可以选用不同材质的五金材料。

5.3.1 门窗五金分类

（1）合页：玻璃合页、拐角合页、轴承合页（铜质、钢质）、烟斗合页。
（2）铰链。
（3）轨道：抽屉轨道、推拉门轨道、吊轮、玻璃滑轮。
（4）插销（明、暗）。
（5）门吸。
（6）地吸。
（7）地弹簧。

(8)门夹。
(9)闭门器。
(10)板销。
(11)门镜。
(12)防盗扣吊。
(13)压条(铜、铝、PVC)。
(14)碰珠、磁碰珠。

5.3.2 门窗常用五金

5.3.2.1 合页、铰链

合页、铰链

铰链又称合页,它分为:普通合页,弹簧铰链;大门铰链;其他铰链。

普通合页:用于橱柜门、窗、门等。材质有铁质、铜质和不锈钢质。普通合页的缺点是不具有弹簧铰链的功能,安装合页后必须再装上各种碰珠,否则风会吹动门板。

烟斗合页:也叫弹簧铰链。主要用于家具门板的连接,它一般要求板厚度为 16~20 mm。材质有镀锌铁、锌合金。弹簧铰链附有调节螺钉,可以上下、左右调节板的高度、厚度。它的一个特点是可根据空间,配合柜门开启角度。除一般的 90°角外,127°、144°、165°等均有相应铰链相配,使各种柜门有相应的伸展度。

大门合页:它又分普通型和轴承型,普通型前面已讲过。轴承型从材质上可分铜质、不锈钢质。从目前消费情况来看,选用铜质轴承合页的较多,因为其式样美观、亮丽,价格适中,并配备螺钉。

其他合页:有玻璃合页、台面合页、翻门合页。玻璃合页用于安装无框玻璃橱门上,要求玻璃厚度不大于 6 mm。

5.3.2.2 移门、折门轨道及配件

移门的最大优点在于节省室内空间,同时令室内布置独具匠心。移门安装简单,操作平滑,安静,所以,移门轨道是目前市场上比较受消费者欢迎的。折门在安装上与移门差不多,但使用率不是很高。这里重点介绍移门轨道。

移门轨道的材质有:铝合金、镀锌钢。

移门轨道的式样有:插片式、侧面式以及单轨、双轨。

移门、折门轨道及配件

市场上常用的移门轨道为单轨，材质为镀锌钢，最大门承重为 100 kg，它的最大门宽度为 1 250 mm，它的最大门厚度为 50 mm。规格有：$H$100/1.5 m，最大开度为 800 mm；$H$100/1.8 m，最大开度为 950 mm；$H$100/2 m，最大开度为 1 050 mm；$H$100/2.4 m，最大开度为 1 250 mm。适用于重型室内木门，复合板门或金属门。

5.3.2.3 门 吸

门 吸

门吸通常装于一边墙面或地面，一边门扇，固定于门完全开启或需要开启到的位置，作用是防止门撞墙或门突出的把手撞墙，以及防止开启后风等原因把门关闭。

施工中使用的门吸有磁铁吸附型、摩擦卡子型、锁死型等。前两种稍用力即可脱离，后一种需要脚踏一个装置解脱。后一种防意外关闭保险性大。还有一种非常简易的门吸，就是一块斜坡面的橡胶楔子块状的门吸，靠摩擦力固定门扇。

5.3.2.4 门 阻

门 阻

门阻通常单独安装于门扇的下部，这样可使平开门扇固定于一个任意需要的角度，通常是靠连接地面的橡胶头起摩擦作用来固定，一般也要靠脚踏装置弹起解脱固定状态（一踩固定，再踩弹起，可以理解为带弹簧的橡胶头地插销）。

5.3.2.5 门控五金

门控五金是人们日常生活中极为重要的一类日用金属制品，主要有地弹簧和闭门器，一般用于商场、办公楼、居民楼、展览馆等人员出入频繁的公共场所，其主要功能是可以保证门被开启后，保持常开状态或能及时准确的关闭到初始位置。一般情况闭门器具备自动关闭功能，保证门被打开后能自动关闭。地弹簧一般情况是完全开启后，不能自动关闭，当不完全开启，则能自动关闭。

（一）地弹簧

地弹簧的基本配置是天轴和地轴（或称地脚）。天轴是在上部连接门框和门扇的配件，由一个固定在门扇上的可以用螺栓调节的插销式的轴和一个固定在门扇的轴套组成。天轴地轴可以适用于几乎所有木制、钢制、铝合金门和使用玻璃门夹的无边框玻璃门。

地弹簧

地弹簧的安装精度对其使用寿命影响很大。因为地弹簧使用寿命的终结就是漏油，如果天轴与地弹簧主轴的轴心连线不严格垂直地面，门扇的运动就会对地弹簧带来极大的扭力，增大主轴与轴承之间磨损，最终导致漏油。

（二）闭门器

闭门器

闭门器设计思想的核心在于实现对关门过程的控制，使关门过程的各种功能指标能够按照人的需要进行调节。闭门器的意义不仅在于将门自动关闭，还能够保护门框和门体，更重要的是闭门器已成为现代建筑智能化管理的一个不可忽视的执行部分。

闭门器最关键的质量问题是漏油，因为闭门器完全依靠其内部液压系统实现对关门过程的控制，漏油意味着液压系统的失效，因此液压系统是决定闭门器使用寿命的唯一标准。漏油最主要的原因是轴承传动装置由于磨损而产生缝隙使其密封效果降低，所以，轴承传动装置的材质、热处理和机加工的质量和精度就是问题的关键。闭门器的壳体有铸铝和铸铁两种，壳体毛坯砂眼的大小、数量和后期处理也是影响闭门器质量的关键因素之一。

5.3.2.6 门镜

门镜

门镜也称防盗眼（俗称"猫儿眼"），正看和倒看的效果迥然不同，而此种门镜的光学原理，均在中学物理的范围之内，且为透镜成像应用的实例。从室内通过门镜向外看，能看清门外视场角约为 120°范围内的所有景象，而从门外通过门镜却无法看到室内的任何东西。若在公房或私寓等处的大门上装上此镜，对于家庭的防盗和安全，能发挥一定的作用。

5.3.2.7 压条

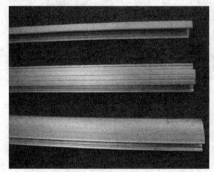

压条

压条是指在安装某物时，为了安装牢固，而用一些条状的物，压在边上进行固定的条形固定装饰件。分为铜、铝、PVC压条。

5.3.2.8 碰珠

碰珠就是使家具门定位的，用力必须达到一定大小方可开门、关门的构件，由具有适当弹性、韧性的塑料一次浇筑成型。它由固定于家具门上的碰头件和固定于门框内壁的碰挡组成。钝钩状的碰头以下与底座连接处为支点，受后部起弹力作用的圆弧状部位支撑。当关门时碰头顶端滑过碰挡上坡势斜面时，碰头钝钩便挤勾在碰挡棱角上；开门时，碰头钝钩内坡与碰挡的棱角相对反滑，使碰头回弹而退出碰挡。

 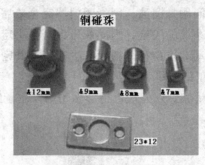 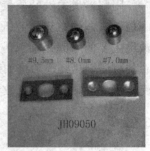

碰 珠

6 集成厨房系统

6.1 厨房柜体材料

橱柜柜体,是厨柜重要的组成部分,按照基材可以把柜体分为实木板、密度板、刨花板、防潮板三种材料。密度板、刨花板前面介绍过,这里只做补充。

6.1.1 实木板

通常全实木橱柜由实木制作柜体,实木制作橱柜门板,常见樱桃木、胡桃木、橡木等。

实木板

6.1.2 密度板

密度板

密度板也称纤维板,是将木材、树枝等物体放在水中浸泡后打碎压制而成,是以木质纤维或其他植物纤维为原料,施加脲醛树脂或其他适用的胶粘剂制成的人造板材。按其密度的不同，分为高密度板、中密度板、低密度板。密度板由于质软耐冲击，强度较高，压制好后密度均匀，也容易再加工，常用作橱柜门板的基材，但缺点是防水性较差。

6.1.3 多层实木板

多层实木板由 3 层或多层的单板或薄板的木板胶贴热压制而成。夹板一般分为 3 厘板、5 厘板、9 厘板、12 厘板、15 厘板和 18 厘板六种规格（1 厘即为 1 mm）。环保等级达到 E1，是目前手工制作家具最为常用的材料，也是目前市面上性价比最高的材料。

多层实木板

6.1.4 刨花板

刨花板是以优质木材或小径木材经切削后，加胶、加压而成的一种成型板材，刨花板中间层为木质长纤维，两边为组织细密的木质纤维，经大型机器压制成板。刨花板抗弯曲性能及握钉力优于中密度板。目前，市场上的刨花板有以下 3 种。

（1）进口刨花板：目前欧美几乎所有的厨柜厂都使用刨花板，进口刨花板甲醛含量低，达到了欧洲 E1 级环保标准。分子结构紧密，抗弯强度高，并有 50%以上的产品添加了绿色防潮剂，这样的刨花板即使泡在水中，膨胀率也不会超过 8%。

刨花板

（2）国产刨花板：国内几家大厂由于使用全套进口设备，也能生产出分子结构紧密，抗弯强度高的产品。一般来说，如果表面装饰面为德国进口的，大多为大厂生产，且用于高档家具，买家与供应商都比较重视市场信誉，所以出问题的较少，并符合国家环保的标准。

（3）国内小厂生产的刨花板：国内小厂只能生产一些普通常见的白光板、榉木纹板，由于设备、生产工艺落后，生产的板材甲醛含量极高，超过国家标准几十倍，对人体危害很大；且基材密度低，不吃钉，柜体完工后，易脱钉，使用寿命短，在承重及抗弯曲、变形强度方面都很差，制作的家具紧固后易松动。正是此种板材的品质玷污了刨花板的声誉，致使消费者误认为刨花板品质低下。

6.1.5 防潮板

防潮板

防潮板起源于欧洲，它是在原三聚氰胺（俗称刨花板）基材中添中颗粒状的防潮粒子。防潮板就是采用刨花板的加工工艺，只是将胶黏剂改为一种绿色防水环保胶黏剂，克服了刨花板的缺点，同时防水性也较好，可用作橱柜柜体和门板基材。

6.2 橱柜门板材料

门板作为表现厨柜外观和总体质量的主要部分，通常是订购厨柜时首先要考虑的。选择厨柜门板时，应考虑款式造型、颜色搭配、易于打理、基材的坚固性、抗变形性、防潮、防水性、表面耐磨性、耐用性及是否环保等决定厨柜质量和使用寿命的几个关键性能指标。随着新材料、新工艺的不断出现，门板种类也越来越丰富。橱柜柜门材料目前主要有实木型、防火板型、三聚氢胺饰面板型、吸塑型、模压型、烤漆型、金属质感型、包复框型、水晶板、铝合金门框玻璃门板十类，它们的特点如下所述。

6.2.1 实木型

实木整体橱柜比较适合偏爱纯木质地的中年消费者高档装修使用。实木制作的橱柜门板，具有回归自然、返璞归真的效果，风格多为古典型，其门框为实木，以樱桃木色、胡桃木色、橡木色为主，门芯为中密度板贴实木皮，这样可以保证实木的特殊视觉效果，而且边框与芯板组合又可以保证门板强度，且不开裂、不变形历久常新（日常维护仍然需十分精心）。制作中一般在实木表面做凹凸造型，外喷漆。因此实木类门板保持了原木色且造型优美，尤其是一些意大利进口高档实木橱柜，花角边的处理以及漆面色泽工艺都达到世界先进水平。目前国内厂家实木橱柜工艺水平与国际尚有较大距离，国产实木门板目前由于制作工艺达不到，存在着易变形、易干裂、表面粗糙等问题。市场上甚至有一种仿实木，是中密度制作的，外加油漆，购买的时候要注意。进口实木橱柜价格昂贵，且外形变化较少，进口的品牌有德国、意大利、西班牙的。天然木材特有的纹理和质感，具有回归自然、返璞归真的优雅情调。国内高档实木厨柜门板大多采用进口的高档实木制作，加工精湛的边、角、饰线等工艺处理和油漆工艺、各种典雅华丽的门板造型，使其带来浓浓的贵族气息，较受成功人士欢迎，但通常价格较贵。

实木型

6.2.2 防火板型

防火板型

防火门板基材为刨花板、防潮板或密度板，表面饰以防火板。防火板是采用硅质材料或钙质材料为主要原料，与一定比例的纤维材料、轻质骨料、黏合剂和化学添加剂混合，经蒸压技术制成的装饰板材。防火门板突出的综合优势，符合橱柜"美观实用"相结合的发展趋势，因此在市场上长盛不衰。缺点是门板为平板，无法创造凹凸、金属等立体效果，时尚感稍差，比较适合对橱柜外观要求一般，注重实用功能的中、低档装修。作为门板有其他材料无可取代的优点,颜色有上百种,可任意搭配组合,门板大小可根据厨房结构来定,不受限制。值得注意的是,封边条的质量直接影响到封边效果和门板的质量。

6.2.3 吸塑型

吸塑板基材为密度板、表面经真空吸塑而成或采用一次无缝 PVC 膜压成型工艺。吸塑型门板色彩丰富,木纹逼真,单色色度纯艳,不开裂不变形,耐划、耐热、耐污、防褪色,是最成熟的橱柜材料,而且日常维护简单。吸塑门板是欧洲非常成熟也非常流行的一种厨柜材料,这种门板表面可做各种纹饰或造型,具有色泽丰富多变、不需封边等特点,避免了贴面门板边缘可能出现的开胶或吸潮等问题,国际上亦称其为"无缺损板材"。

吸塑板

6.2.4 模压型

模压型

模压门板是欧洲最常用的门板之一,以密度板为基材,以面模 PVC 作贴面经高温热压成型,分亚光模压板和高光模压板两大类,可加工成各种形状。面模有国产进口之分,进口一般由韩国、日本、德国进口。进口国产区别在于面模的厚与薄,以及耐磨性。高光模压门板是真正代替烤漆门板的一种最新材料。

6.2.5 水晶板

水晶板由基材加白色防火板加亚克力制成,环保、造型立体,也叫亚克力门板。通常用

E1级大芯板基材表面贴各种亚克力板，门板四周通常封同色水晶板封边或铝型材封边。水晶门板色彩丰富、质感晶莹剔透，仿真花色多，易于清洁；使用时应避免硬物刮擦或冲击。深受一部分人的喜爱，这种门板在欧洲比较流行。

水晶板

6.2.6 金属质感型

金属质感型

金属质感门板是欧洲最新流行色，大胆前卫极具个性化风采与时代感，冷静气质给繁劳的厨房生活带来清凉气息。其结构为中密度板上贴经特殊氧化处理，精细拉丝打磨，表面形成致密保护层的金属板或仿金属板，直接一次加工成型的。金属质感门板具有极好的耐磨、耐高温、抗腐蚀性能且日常维护简单、纹理细腻、极易清理、寿命长。随着金属流行风的盛行，这种经过磨砂、镀铬等工艺处理过的高档金属质感门板日益成为世界橱柜门板的新宠，其中铝饰面凸凹面板，是目前最高档的一种门板。缺点：价格昂贵，适合追求与世界流行同步的超高档装修。

6.2.7 烤漆门板

通常是指在优质E1级中密度纤维板等基材上多道喷涂环保油漆，再通过烘烤干燥或表面磨光等工艺处理的门板。色彩缤纷多样，通常无须封边，不易沾上污迹，容易清洁。其中金属漆所带来的高光色泽与金属质感，极具华丽尊贵的气质。但对技术工艺、加工环境及操作技术的要求较高，如工艺不过关，容易形成漆面不均匀、局部脱漆或沾染污迹等缺陷。油漆门板要求注意使用保养，应避免用硬物刻画或冲击、划痕，一旦出现损坏就很难修补，要整体更换；油烟较多的厨房中易出现色差。比较适合外观和品质要求比较高，追求时尚的年轻高档消费者。

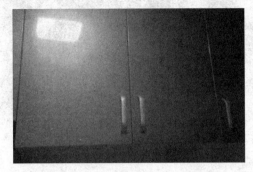 

烤漆门板

6.2.8 不锈钢门板

不锈钢门板

不锈钢门板基材一般采用韩国、日本等地进口优质 SUS304 板（冷轧板，常用厚度为 0.6 mm），表面采用磨砂效果。不锈钢板具有良好的物理化学性能：耐酸碱、使用寿命长，但色泽比较单调，视觉效果较"硬"，给人一种冷冰冰的感觉，所以单纯用不锈钢材料制成的厨柜，顾客选择不多。但也有些用户喜欢用不锈钢做柜体搭配其他门板，兼顾耐用性与美观性。

6.3 厨房台面材料

6.3.1 不锈钢台面

不锈钢台面外表很前卫，不容易显脏。即使沾染油污，也容易清理，使用多日还亮泽如新。夏天时触感清凉，可以消除烹饪过程中带来的热熏焦躁之感。在目前所有可用于厨房台面的材料中，不锈钢台面具有非常优秀的抗细菌再生能力。不锈钢台面光洁明亮，各项性能较为优秀。一般是在高密度防火板表面再加一层薄不锈钢板，有很强的视觉冲击，非常坚固，易于清洗；缺点是不锈钢金属很容易刮花，台面划伤后，也很容易留下无法修复的痕迹，在对橱柜台面的各转角部位和结合部的处理要求较高。

不锈钢台面

6.3.2 石材

石材台面分为天然石台面和人造石台面。天然石材台面中常见大理石台面。大理石台面具有不变形，硬度高，耐磨性强的优点，不会生锈，不必涂油，不易粘微尘，维护，保养方便简单，使用寿命长。人造石台面由石粉加入人造纤维经高温高压制成，更耐磨、耐酸、耐高温，抗冲击、抗压、抗折、抗渗透等功能也很强，其变形、黏合、转弯等部位的处理有独到之处；因为板面没有孔隙，油污、水渍不易渗透入其中，因此抗污力强，可任意长度无缝粘接，同材质的胶黏剂将两块粘接后打磨，浑然一体。

天然大理石台面　　　　　　人造石台面　　　　　　人造石台面

6.3.3 实木台面

实木触感舒适，适合用在不会有太多油污或长时间水淋的备餐区，例如岛型工作台或早餐台部分。橡木较为适合，柚木也可用于水槽边。实木台面最好不要使用于明火环境中。

6.3.4 胶衣台面

胶衣（树脂）台面是制作玻璃钢制品胶衣层的专用树酯，是不饱和聚酯中的一个特殊品种，主要用于树脂制品的表面，呈连续性的覆盖薄层，其厚度一般为 0.4 mm 左右。表面的胶衣树脂的作用是给基体树脂或层合材料提供一个保护层，以提高制品的耐候、耐腐蚀、抗污、耐磨、抗裂、抗老化，无放射性等性能并给制品以光亮美丽的外观。

实木台面

胶衣台面

6.3.5 防爆玻璃台面

防爆玻璃台面

防爆玻璃橱柜台面的耐高温性能是市场上其他同类产品所无法达到的。最大安全工作温度为 288 ℃，能承受 204 ℃ 的温差变化。防爆玻璃台面强度是普通其他橱柜台面的 3 倍以上，除了本身强度非常高之外，台面下面一层两毫米厚的胶质层对柜体有错层时受到重力冲击时也能起到很好的保护作用。

6.4 厨房设备

厨房设备

厨房设备，是指放置在厨房或者供烹饪用的设备、工具的统称。厨房设备通常包括烹饪加热设备，如炉具类：燃气炉、蒸柜、电磁炉、微波炉或电烤箱。处理加工类：和面机、馒头机、压面机、切菜机、绞肉机、榨压汁机等。消毒和清洗加工类器具：清洗工作台、不锈钢盆台、洗菜机、洗碗槽或是洗碗机、消毒碗柜。用于食物原料、器具和半成品的常温和低温储存设备：平板货架、米面柜、冰箱、冰柜、冷库等。通常用的厨房的配套设备包括：通风设备如排烟系统的排烟罩、风管、风柜、处理废气废水的油烟净化器、隔油池等，大型餐饮业还包括传菜电梯。

6.5 厨房的集成

厨房的集成是现代家庭装饰中的一支新秀，不是橱柜、电器及厨房用具的简单拼凑，而是对原本单一且相对独立的组件进行优化设计，把功能和美学、文化融合为一，使之更具人性化、合理化，让厨房生活真正成为一种享受。"集成厨房"概念是指厨具、电器、燃气具三位一体的现代化厨房。整体厨房产品生产厂家以一种全新的营销思路，将家电和橱柜有机地结合在一起，并按照消费者家中厨房结构、面积，以及家庭成员的个性化需求，通过整体配置、整体设计、整体施工并提供相关的成套产品。当前我国城市居民家庭整体厨房系统设备类型主要有操作台、餐具橱、贮物柜、洗菜池、垃圾桶等。电器部分主要有冰箱、灶具、烤箱、微波炉、抽油烟机、洗碗机、消毒柜、热水器、电饭煲等。集成厨房有多种橱柜材质、品种、价格可供选择。可根据空间结构、兴趣爱好设计，根据自己经济能力购买。集成厨房使用的无毒无害的环保材料使人们再也不用担心甲醛和辐射的侵害，橱柜专用的材料和设备配以专业人士的精心设计以及集成灶的出现使厨房永远地告别了"烟熏火燎"和"卫生死角"的时代。台面还可以定制胶衣台面，厚度可定制，实用性强，耐磨。由于排烟管道暗设吊顶内，采用定制的油烟分离烟机，直排、环保、排烟更彻底，彻底解决厨房的油烟问题。通过厨房集成设计，将柜体与墙体预留挂件，具有较高的契合度。整体厨房全部干法作业，现场装配率200%，无需排烟道，节省厨房空间。

整体厨房通过一体化的设计，综合考虑橱柜、厨具及厨用家具的形状、尺寸及使用要求，合理高效的布局，组装快，品质高，成本低，空间利用率高。

 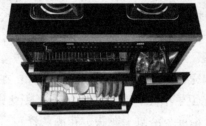 

整体厨房

7 集成卫浴系统

整体卫浴系统，就是包括了顶、底、墙及所有卫浴设施的整体卫浴解决方案。具体来讲，整体卫浴设计是为客户提供了卫生间整体环境设计，配套产品组合，产品的生产和安装，以及设计施工团队专业服务的统称。

1964 年，东京奥运会为保证高品质、快速完成大量运动员公寓建造，日本人发明了可以现场装配的整体卫浴。时至今日，日本的 SI 集成建筑中，有 90%以上的住宅、宾馆、医院均采用整体卫浴；在欧、美、澳等劳动力昂贵的发达国家，安装简单、节省人工的整体卫浴也占据着很大的市场份额。

随着设计的发展和完善，整体卫浴有了新的诠释：在有限空间内实现洗漱、沐浴、梳妆、如厕等多种功能的独立卫生单元，它用一体化防水底盘、壁板、顶盖构成的整体框架，并将卫浴洁具、浴室家具、浴屏、浴缸、龙头、花洒、瓷砖、配件等都融入到一个的整体环境中，避免单项卫浴产品互相拼凑而导致与整体环境格格不入。整体卫浴是现代消费新时尚，能实现从生活需求到精神愉悦的双重享受，为消费者提供集洗浴、休闲、保健、时尚、温馨于一体的现代新卫浴体验。

整体卫浴的整体主要是在于它的模压底盘是整体的，具有防水防漏的功能。根据卫生间空间尺寸，在工厂加工整体卫生间底盘，结合整体给排水系统、快装地面系统、快装轻质隔墙系统、快装龙骨吊顶系统，组成整体卫生间系统。

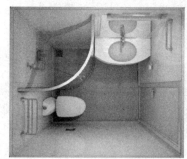

整体卫浴

7.1 卫浴墙体材料

7.1.1 SMC（单色、彩色）

整体卫浴间的底板、墙板、顶板、浴缸等大都采用 SMC 复合材料制成，SMC 是飞机和宇宙飞船专用的材料，具有材质紧密、表面光洁、隔热保温、防老化、肤感亲切、使用寿命长、冬天保温和夏天隔热等优良特性。相比较普通卫浴间陶瓷墙体容易吸潮，表面毛糙不易清洁，整体卫浴的优势相当明显。

SMC（单色、彩色）

7.1.2 玻璃钢

玻璃钢别名玻璃纤维增强塑料，俗称 FRP（Fiber Reinforced Plastics），即纤维增强复合塑料。根据采用的纤维不同分为玻璃纤维增强复合塑料（GFRP）、碳纤维增强复合塑料（CFRP）、硼纤维增强复合塑料等。它是以玻璃纤维及其制品（玻璃布、带、毡、纱等）作为增强材料，以合成树脂作基体材料的一种复合材料，具有耐腐蚀性好、轻质高强、绝缘性能好、绝热性能良好、可设计性强、工艺性优良等优点。

玻璃钢

7.1.3 PET 彩钢板（PET 覆膜彩钢板）

PET 彩钢板具有靓丽的外观及优异的加工性、表面装饰性、耐腐蚀性、耐刮伤性等，可实现低光到高光的不同效果，同时配以精美的图案和珠光闪烁效果，目前已广泛适用于冰箱、洗衣机等家电产品，成为豪华与时尚的代名词。基材可选用：冷轧钢板、热镀锌钢板、电镀锌钢板、铝板、不锈钢板、钛锌板等金属薄板。基于覆膜板表层的膜材具备可印刷等特殊工艺处理的特性，可表现多种色彩、触感纹理等不同效果。

PET 覆膜板分为单色系列、珠光系列、花纹系列、拉丝系列。

 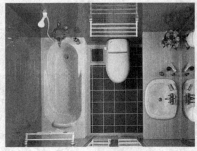 

PET 彩钢板

7.1.4 瓷砖、石材

（详见卫浴地面材料　7.2.2　瓷砖 石材）

7.2 卫浴地面材料

7.2.1 SMC

  整体浴室的最大特点是浴室不需要做防水，防水关键是整体浴室的底盘的质量。SMC（航空材料）底盘材料，通过低温致密挤压成型，具有耐踏、坚固、耐划痕、不变形等特点，是通过 2 000 t 以上压机挤压成型，一般使用寿命至少在 20 到 30 年。整体浴室底盘一次模压成型，独特翻边锁水设计，绝不渗漏。

防水 SMC 底盘

7.2.2 瓷砖、石材

在整体卫浴中，为了满足不同使用者在追求个性化及材质质感等方面的要求，墙体和底座也可以使用石材和陶瓷装饰整体卫浴。一体成型 SMC 底盘附加石材或陶瓷，粘贴方法采用胶粘型，避免湿作业，也可用于墙体。

整体浴室中瓷砖、石材地面

7.3 卫浴顶棚材料

7.3.1 SMC 顶板

SMC 顶板

SMC 天花板在常规应用的基础上，对材料进行进一步的技术改良和优化，使其不仅具有质轻、高强度、耐腐蚀、耐老化、阻燃等特点，还具备了极佳的抗菌防霉、抗污易洁、防水防潮、环保美观等特点，更增强了吸音、防火、易于安装、易拆卸、不变形、不褪色、不易产生冷凝水、易于配套通风器等其他辅助设施。SMC 天花板特别适用于防火要求较高的公共场所，因其自身不燃烧，离火自熄，不会产生有害烟雾；视觉效果柔和、立体感强，造型灵活多变，可自由搭配设计，彰显个性，视觉效果独特；SMC 天花板使用高温固化，其固化度达到 99%以上，巴氏硬度达到 50 以上，所以其不会有有害物质挥发，对人体无不良影响，而且其具有优异的抗菌功能，可以让我们居住、工作的环境更卫生、健康，特别适用于医院等抗菌要求较高的公共场所；SMC 天花板是热的不良导体，热量通过其传递都非常少（金属材料的顶棚热量容易通过天花板散失，而且容易因此造成冷凝水现象），所以可以很好地节省空调、浴霸等设备的能耗。表面通过反射高光处理，可以使得室内光线不产生眩光；SMC 耐水性好，可在水中浸泡，长时间在浴室和游泳馆的潮湿环境中不会出现腐蚀，使用 30 年以上不腐烂变质；SMC 不含石棉石粉、无粉尘、无辐射、无毒害，是真正意义上的绿色天花板，还可无限次安装拆卸，方便检修管道线路。

7.3.2　FRP 玻璃钢

同 GRP，同样是模具制成，但不需要大型压机。可以根据需求做出各种造型，满足不同消费需要。（详见 7.1.2 玻璃钢）

表 7-1 为整体卫浴 A、B 类产品，表 7-2 为整体卫浴 C 类产品。

表 7-1　整体卫浴 A、B 类

类别	A 标	A1	B 标	B1	B2
壁板类型	瓷砖	石材	PET 彩钢板	PET 彩钢板	PET 彩钢板
底盘类型	SMC+瓷砖	SMC+石材	SMC 彩色覆膜	SMC+瓷砖	SMC+石材
产品定位	超高级住宅和高级别墅		高级住宅和独栋住宅		

表 7-2　整体卫浴 C 类产品

类别	C 标	C1	C2
壁板	SMC 单色	SMC 单色	SMC 单色
底盘类型	SMC 单色	SMC 单色	SMC 彩色覆膜
产品定位	经济型宾馆、保障房和刚需类商品住宅		

7.4　洁　具

卫生洁具是指人们盥洗或洗涤使用的器具，如面盆、坐便器、蹲便器、浴缸、淋浴房、洗涤槽等，这些器具统称为卫生洁具。

7.4.1　面　盆

面盆又称洗面器，有一体化脸盆、立柱式、挂墙式、台上式、台下式到半嵌入式。

一体化脸盆

立柱式

挂墙式

台上式　　　　　　　　台下式　　　　　　　　半嵌入式

面盆材质多数为陶瓷材料，具有颜色多样、结构致密、表面细腻光滑、气孔率小、强度较大、吸水率小、抗腐蚀、热稳定性好、易清洗等特点。人造大理石、人造玛瑙、玻璃钢、塑料、压克力（丙烯酸板与玻璃钢的复合材料）、钢化玻璃、不锈钢等材料也用来制作面盆，同样具有很好的性能及装饰效果。

人造大理石面盆　　　　人造玛瑙面盆　　　　玻璃钢面盆

塑料面盆　　　　　　钢化玻璃面盆　　　　　不锈钢面盆

7.4.2　坐便器

坐便器俗称"马桶"，是宾馆、家庭和一些公共场所常用的卫生洁具。

（一）分　类

按冲洗排污方式可分为冲落式、虹吸冲落式、虹吸喷射式、虹吸漩涡式四种。

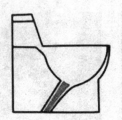
冲落式

虹吸式

按坐便器构造可分为分体式、连体式。

分体坐便器1　　　分体坐便器2　　　连体坐便器1　　　连体坐便器2

按马桶盖的配套方式，还可分为普通马桶和智能马桶。智能马桶还可进一步分为自动换套智能马桶和非自动换套马桶，前者包含自动换套加冲洗、自动换套带冲洗和烘干等不同种类。

普通马桶　　　智能马桶1　　　智能马桶2　　　智能马桶3

（二）材　质

坐便器多以陶瓷制造，而坐板（盖板）的材质则有脲醛树脂、亚克力、PVC等。在外形和颜色的种类上，坐便器的选择比较有限，一般选择的都是坐板和马桶盖的颜色和图案。

陶瓷坐便器有一种先进的施釉技术叫作"超平滑表面防污离子层"，这种不粘污垢的超平滑洁具的表面釉层，使这类洁具具有3个突出特点：一是一次冲便只需6L水便可冲净，符合国际上目前流行的6L水节水型坐便器的发展方向；二是不粘污垢，使洁具清洁美丽；三是因不粘污垢，断绝了霉菌营养源，消除了洁具黑斑之患。此外，由于其水箱内水与座厕积水之间落差缩小，使冲洗粪便时水珠反跳的情形得以改善，冲水噪声大大降低。

亚克力盖板：市面上最多的马桶盖板为亚克力盖板，优点在于耐潮耐酸寿命长，使用寿命长、色彩也艳丽，维护方便清洁简单，使用肥皂或软布擦洗即可。

脲醛盖板：使用人群比较多的是脲醛盖板，脲醛树脂一般为水溶性树脂，较易固化，固化后的树脂无毒、无色、耐光性好，长期使用不变色，热成型时也不变色，可加入各种着色剂以制备各种色泽鲜艳的制品。脲醛树脂坚硬，耐刮伤，耐弱酸弱碱及油脂等介质，价格便宜，具有一定的韧性，但它易于吸水，因而耐水性和电性能较差，耐热性也不高，自然价格也要比亚克力高一些。

PVC 盖板：普遍使用的盖板材质为 PVC 盖板，就是我们俗称的 PP 板，最大的优势就在于价格，是三者中最便宜的。其优点是易变色、断裂，耐高温性能好耐腐蚀性强；缺点是硬度不够，生产难度大。

亚克力盖板　　　　　　　　脲醛盖板　　　　　　　　PVC 盖板

7.4.3 浴　缸

（一）分　类

浴缸又称为浴盆，形式花色多样表。（见表 7-3 浴缸规格与尺寸，表 7-4 不同材质浴缸比较。）

按洗浴方式分：有坐浴、躺浴、带盥洗底盘的坐浴。

按支承方式分：有脚腿支承和无腿设垫直接放置地坪上的，用泡沫塑料设垫还可起隔声作用。

搁置式　　　　　　　　　　嵌入式　　　　　　　　　　半下沉式

按外形分：有带裙边浴缸和不带裙边浴缸。

按功能分，有普通浴缸和按摩浴缸。按摩浴缸规格有单人、双人和多人的几种。更高级一些的是按摩浴与蒸汽浴结合称为一体，备有电子程序水力按摩系统，电子轻触式控制指示屏，还设置时钟、音乐和香味挥发装置，使人边洗浴、边按摩、边听音乐，边呼吸扑鼻的芳香，实在是一种享受。浴室中浴缸布置形式有搁置式、嵌入式、半下沉式三种。

按材质分：有铸铁搪瓷浴缸、钢板搪瓷浴缸、玻璃钢浴缸、压克力浴缸、人造玛瑙以及人造大理石浴缸、水磨石浴缸、木质浴缸、陶瓷浴缸等。现常用铸铁搪瓷浴缸、钢板搪瓷浴缸和玻璃钢浴缸。

陶瓷浴缸因笨重、费料、易碎，已趋淘汰，被压克力、铸铁搪瓷、钢板搪瓷等材质所取代；压克力材料表面为聚丙酸甲脂，背面采用树脂石膏加玻璃纤维以增强承载能力。厚度通常为 3～10 mm。其优点在于：容易成型，散热较慢保温性能好，水温可维持较长时间，接触其表面无冰冷感觉，触感温暖，并且容易擦洗清洁等，质量小，易安装，色彩变化丰富。由于以上特点，压克力浴缸造价较便宜，这种材料的缺点是易脏，不耐磨损，使用一些时间后，容易表面呈显灰色；钢板浴缸是用一定厚度的钢板成型后，再在表面镀搪瓷。特点是：易成型，造价便宜。因其表面为搪瓷，不易挂脏，便于清洁，不易褪色，光泽持久；铸铁浴缸也是传统浴缸材料，与钢板浴缸制作方法相似，只是所用基础材料是铸铁。铸铁浴缸最突出优点就是坚固、耐磨；缺点是保温性能差，放进热水很快便会变凉。铸铁质量大，因此搬运、安装都有难度。也因为这多方面因素，铸铁浴缸价格比压克力和钢板浴缸都要贵许多；木质浴缸以香柏木为材料打制而成，表面是原色的木板。在木桶的底部有一块木板高于底面，是供人淋浴时坐的。有的木桶两边各有一个按摩喷头，可以按摩人的背部和颈部。木桶浴缸系纯实木制作，结构紧密，手感上乘。经过精密数控机床的雕琢和 40 道工艺以上的手工抛光研磨，加以高档油漆喷涂，确保无气孔，恒久耐用，使人产生更加亲近大自然的感觉。

陶瓷浴缸

亚克力浴缸

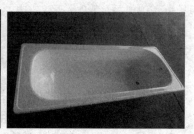
钢板浴缸

铸铁浴缸

木质浴缸

石材浴缸

（二）尺　寸

要选购一个尺寸合适的浴缸，最需要考虑的不仅包括其形状和款式，还有舒适度、摆放位置、水龙头种类,以及材料质地和制造厂商等因素。要检查浴缸的深度、宽度、长度和围线。有些浴缸的形状特别,有矮边设计的浴缸,是为老人和伤残人而设计的,小小的翻边和内壁倾角,让使用者能自由出入。还有易于操作控制的水龙头,以及不同形状和尺寸的周边扶手设计,均为方便进出浴缸而设。

表7-3 浴缸规格与尺寸 单位:mm

类别	长度	宽度	高度
普通浴缸	1 200、1 300、1 400、1 500、1 600、1 700	700~900	355~518
坐泡式浴缸	1 100	700	475(坐处310)
按摩浴缸	1 500	800~900	470

表7-4 不同材质浴缸比较

项目	铸铁搪瓷浴缸	钢板搪瓷浴缸	压克力浴缸
优点	坚固耐用 抗负荷性好 卫生	经济、质量小 (无裙缸:约25 kg) (有裙缸:约40 kg) 卫生	触感温和、质量小 (无裙缸:约25 kg) (有裙缸:约35 kg) 多样化款式设计
缺点	质量大 (无裙缸:约120 kg) (有裙缸:约160 kg) 造型设计受到限制	产生噪声、造型设计受到限制	易划伤 易失光
档次	高—中高	中—中低	中—中低

7.4.4 淋浴房

家庭对卫浴设施的要求越来越高,许多家庭都希望有一个独立的洗浴空间,但由于居室卫生空间有限,只能把洗浴设施与卫生洁具置于一室。淋浴房充分利用室内一角,用围栏将淋浴范围清晰地划分出来,形成相对独立的洗浴空间。

淋浴房按功能分整体淋浴房和简易淋浴房。

整体淋浴房

简易淋浴房

按款式分转角形淋浴房、一字形浴屏、圆弧形淋浴房、浴缸上浴屏等。

转角形淋浴房　　　一字形浴屏　　　圆弧形淋浴房　　　浴缸上浴屏

按底盘的形状分方形、全圆形、扇形、钻石形淋浴房等。

按门结构分移门、折叠门、开门淋浴房等。

整体淋浴房的功能较多，价格较高，一般不能定做。带蒸汽功能的整体淋浴房又叫蒸汽房，心脏病、高血压病人和小孩不能单独使用蒸汽房。

与整体淋浴房相比，简易淋浴房没有"房顶"，款式丰富，其基本构造是底盆或人造石底坎或天然石底坎，底盆质地有陶瓷、压克力、人造石等，底坎或底盆上安装塑料或钢化玻璃淋浴房，钢化玻璃门有普通钢化玻璃、优质钢化玻璃、水波纹钢化玻璃和布纹钢化玻璃等材质。

7.4.5　其他洁具

为了方便妇女，一些高级宾馆和家庭逐步安装妇洗器，一般在卫生间内与坐便器并排安装，便于使用。妇洗器也称洗涤器，基本形式与坐便器相似，但无盖板，有调节水温装置，多用陶瓷制造，款式多，造型优美。

为了洁具功能更加明确，使用更人性化，一些公共场所和家庭也使用小便器，小便器是方便男士使用，清洁卫生，功能明确。小便器有挂式和立式两种。小便器的冲水系统有手动操作型，也有自动感应型。造型多样，大小形状也有区别，可根据空间需要选定适合的小便斗，小便斗多用陶瓷制作。

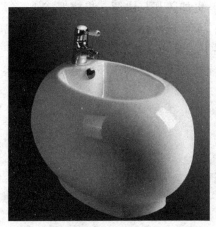
妇洗器

挂式手动冲水小便器

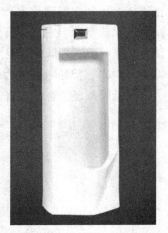
立式自动感应小便器

7.4.6　五金及配件

　　卫生洁具及五金配件主要有洗面器配件、浴缸配件、妇洗器配件、坐便器配件、蹲便器配件、小便器配件、淋浴房配件等，配件材质有铸铁、不锈钢、塑料、铜材甚至一些贵重金属。

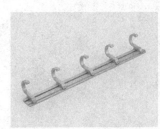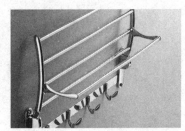
卫生间五金配件

7.5　卫浴集成

集成化的卫浴

卫浴集成，就是打破传统单一的卫浴产品发展理念，讲卫浴空间进行一体化设计，进而把卫浴产品集中配套化生产，使空间布局更科学和实用，更加美观与协调。集成卫浴正演绎空间艺术新概念，它以独特创新的方式汇集出六大特征：布局最优化、安装简单化、操作智能化、使用成本最低化、卫浴过程娱乐化、配套设计个性化。所以，集成卫浴就是集成文化、功能、空间、部品、服务为一体的集成卫浴品。使用传统或新兴的材料，搭配更加合理，各大洁具品牌都已经有了各自开放的卫浴集成产品。

8 楼梯、电梯装饰

8.1 楼梯装饰

楼梯，是建筑物中作为楼层间交通用的必不可少的构件。它由梯段、平台和栏杆扶手三部分组成。

8.1.1 预制成品楼梯装饰

（一）梯　段

梯段的台面、竖直棱面常用的装饰材料有石材、陶瓷、马赛克、石板、镜面、微晶玻璃装饰板等。根据不同的材料搭配，可以达到理想的装饰效果。

石材梯段虽然触感生硬且较滑，通常一定要加设防滑条，但易于保养，防潮耐磨，所以多被采用在别墅、酒店、办公楼等装修中。陶瓷梯段防潮耐磨，颜色纹理选择面广、安装方便，价格经济，被广泛运用在办公楼、学校、住宅楼等楼梯中。马赛克是极富装饰性的建筑装饰材料，但因为价格偏高，不容易清洁及护理，所以一般只作为装饰点缀之用，运用于娱乐休闲场所、餐厅、别墅楼梯等。

镜面玻璃装饰效果极强，主要用于特殊装饰中，在娱乐场所、餐厅、酒店楼梯中运用较多。

马赛克梯段　　　　　　　陶瓷花砖梯段　　　　　　　花岗石梯段

（二）平　台

平台在使用装饰材料时，往往根据梯段的材质进行搭配，可以是同材质搭配，也可以不同材质搭配。常用的装饰材料有天然石材、人造石材、实木板、瓷砖、马赛克等。

| 实木板平台 | 瓷砖平台 | 天然石材平台 |

（三）栏杆扶手

钢筋混凝土楼梯的栏杆扶手根据其梯段、台面的要求常搭配的栏杆扶手材料有：不锈钢、铸铁、玻璃、铝合金、实木及组合型等。

| 不锈钢栏杆 | 铸铁栏杆 | 玻璃扶手 | 实木栏杆 |

8.1.2 钢楼梯

钢楼梯是工业时代的产物，以前在工厂厂房广泛应用。近几十年来，随着许多高技派风格建筑的出现（其审美特点是大量运用工业金属材料，暴露建筑结构构件），在一般建筑重应用钢楼梯也越来越普遍。

钢楼梯形式多种多样，但多以其舒展的线条同周围环境空间获得一种形体上的韵律对比。

钢楼梯的特点：一是占地小；二是造型美；三是实用性强；四是色彩亮。其结构多采用铸钢管件、无缝钢管、扁钢等钢材骨架。

钢楼梯常用的样式：弧形楼梯、螺旋楼梯、圆形楼梯、直线楼梯。由于楼梯的异型造型，故结构多采用钢材作为支撑，用木板或预制混凝土板作为楼梯梯板，或采用全钢结构楼梯。

（一）钢木楼梯

钢木结合楼梯，结合了木楼梯和金属楼梯的优点，具有木楼梯的舒适感，避免了木楼梯容易发出声响的缺点。钢木楼梯常用于室内，踏步采用实木板，常用的实木有红松、梨木、橡木等。结构支撑采用钢材，栏杆多采用钢木结合。

（二）全钢楼梯

金属楼梯结构轻便，造型美观，施工方便，需维护保养得当。全钢结构的楼梯常用于室外或工业厂房。

钢木楼梯 1

钢木楼梯 2

钢楼梯 1

钢楼梯 2

8.1.3　实木楼梯

实木楼梯制作方便，款式多样，但耐久性稍差，走动时容易发出声响。

实木是比较理想的楼梯材质，无论从纹理造型，还是做工雕饰方面都更具艺术感。一般来说，实木楼梯价格较高，平时的保养也应更为注意，在使用的过程中做到防潮、防火和防撞击，妥善的保养可以在很大程度上延长楼梯的使用寿命。

实木楼梯1　　　　　　　　　　　　　实木楼梯2

实木楼梯分类：全木楼梯、半木楼梯。

全木楼梯：木梯步、木栏杆、木扶手。

半木楼梯：即木梯步、铁花栏杆、木扶手。

常用实木楼梯木料种类：橡木、榉木、紫檀、花梨木、水曲柳、柞木等木材。

8.2 电梯装饰

8.2.1 电梯地面

人们对环境要求的日益提高，公共场所的电梯的装饰也越来越被人们所重视，电梯的装饰部分主要体现在轿厢内部和电梯门套、门头。轿厢内部常用的墙面装饰材料有不锈钢板、钛金板，常用地面装饰材料有石材拼花、强化木地板、塑胶地板、地毯。电梯门套、门头常用的装饰材料有石材、不锈钢、饰面板和镜面。

石材门头、不锈钢轿厢门　　　　　　电梯内部石材拼花地面

8.2.2 电梯轿厢内面

轿厢内部装饰常用石材、不锈钢、玻璃镜面等装饰。

不锈钢轿厢　　　　石材拼花轿厢　　　镜面轿厢　　　　木材轿厢

8.2.3 顶部装饰

电梯顶部装饰常用树脂、金属、玻璃等装饰。

电梯顶部树脂　　　　电梯顶部金属　　　　电梯顶部玻璃

9 灯具、家具材料

9.1 灯具

9.1.1 灯具造型和功能分类

根据造型和功能形式分为：吊灯、吸顶灯、壁灯、台灯、落地灯、镜前灯、筒灯、射灯、栅格灯等。根据空间的功能需要选择相应的灯具形式，在室内空间的设计中，灯具和光源的布置不再拘泥于单一的形式，现代空间常运用多形式照明来烘托室内的气氛。

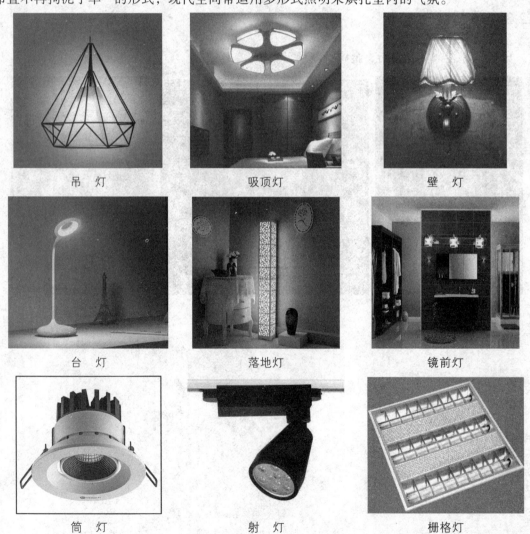

吊灯　　　　　　　吸顶灯　　　　　　　壁灯

台灯　　　　　　　落地灯　　　　　　　镜前灯

筒灯　　　　　　　射灯　　　　　　　栅格灯

9.1.2 灯具材质分类

根据材料分为：玻璃灯、织物灯、树脂灯、羊皮灯、纸灯、藤编灯、竹灯、金属灯、塑料灯、亚克力灯等。

玻璃灯

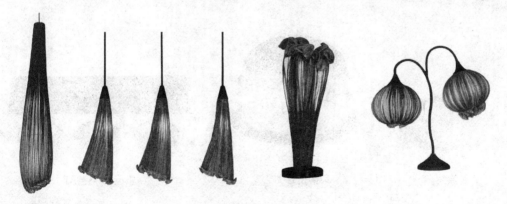

织物灯

树脂灯

羊皮灯　　亚克力灯　　宣纸灯　　竹 灯

金属涂层灯　　雷士筒灯　　雷士栅格射灯

9.1.3 灯具风格分类

根据风格分为：现代简约、前卫时尚、中式复古、欧式复古、欧式华丽、北欧风格、工业风等。根据不同的空间特点选择搭配协调的灯具。灯具已经成为空间设计的主流元素，灯具选择适当,可起到空间画龙点睛的作用。反之,则会画蛇添足。

现代简约

中式复古

欧式复古

北欧风格

工业风格

美式风格

9.2 家 具

家具是室内设计中的重要组成元素,在室内环境中起着重要的作用。家具按照功能分类可分为坐卧类家具、凭倚类家具及储藏类家具。

9.2.1 常用家具材料

常用的家具材料有木质材料(实木、刨花板、纤维板、中密度纤维板)、竹、藤、金属材料(钢管、铸铁、铝、不锈钢)、玻璃、塑料、织物、皮革、玻璃钢等。下面我们依据家具的功能分类来分析不同功能家具的常用材料。

9.2.1.1 坐卧类家具

按照人们日常生活行为,其中坐与卧是人们日常生活中占有的最多动作姿态,如工作、学习、用餐、休息等都是在坐卧状态下进行的,因此坐卧类家具与人体生理机能关系的研究就显得特别重要,坐卧类家具在使用材料上也更加亲近人,坐卧类家具有沙发、椅、凳、床等。

(一)沙 发

常用的沙发面料有皮革、布料。其中皮革沙发又分为又分为真皮沙发、人造革沙发。真皮沙发又有牛皮沙发、猪皮沙发，一般较少用羊皮制作，因为羊皮质地柔软，耐磨、耐久性较差。牛皮沙发一般价格较贵，牛皮沙发色彩好、密度好，耐磨、耐久性较好，品位贵有档次，是家居沙发的理想选择。猪皮沙发次于牛皮沙发，价格便宜。

人造革其实是PVC、PU革的统称，PVC、PU都是聚氯乙烯（塑料中的一种），人造革沙发款式众多、色泽艳丽，柔软度好，耐磨、耐久性好，一般情况下造价比真皮便宜，所以被广泛使用。

布艺沙发在现代居室中应用广泛，因其美观、实用、耐用、价格便宜，受到广大消费者的喜爱。布艺沙发常用的材料有混纺面料、化纤面料，由于纯面的缩水性、耐久性、回弹性等因素，布艺沙发很少使用纯棉面料。

沙发组合——皮、布艺的结合

真皮单人沙发

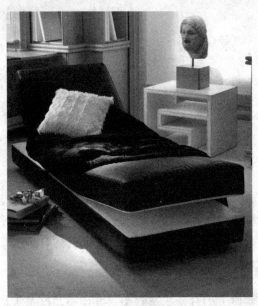

功能性沙发，布艺

纯实木沙发是指由天然木材制成的沙发，这样的沙发表面一般都能看到木材美丽的花纹。家具制造者对于实木沙发一般注意涂饰清漆或亚光漆等来表现木材的天然色泽。纯实木沙发对工艺及材质要求很高。实木的选材、烘干、指接、拼缝等要求都很严格。造价高，但十分环保。

藤制沙发的藤有人工合成塑料藤和植物藤，人工合成塑料藤造价便宜，植物藤造价贵。藤制沙发既有欧美款的粗犷豪华、东南亚款的精致细巧，也有极具中国传统文化气息的古朴典雅。

（二）椅、凳

椅、凳不论是造型还是材料的使用都更加灵活、没有界限。在材料的使用方面，较为传统的有木、金属（不锈钢、钢管、铝、铸铁）、皮革、织物、藤、较为现代的有胶合板、玻璃纤维、塑料、玻璃钢、纸等。

织物椅　　　　　　　　实木椅　　　　　　　　真皮椅

藤编摇椅　　　　　　　金属椅　　　　　　　　玻璃钢外壳

（三）床

床供人休息、睡觉的家具，与人接触亲密。常见的床有木床、铁床、藤制床、软包床。

实木床——所有构件采用纯实木制成，经久耐用，造价高。

半实木床——床框架采用实木，床头芯材采用中密度纤维板，面贴木皮、纸或喷漆，床板采用实木板或实木条形板。

铁床——多为欧式风格，床头、床框采用铸铁，床板采用实木板或实木条形板。

软包床——床头为软包结构，软包的构造有基层、芯材、面层，基层采用大芯板或胶合板，芯材采用泡沫，面层的面料就十分丰富了，可以是皮革，也可以是织物。床框采用实木框架，床板采用实木板或实木条形板。

软包床　　　　　　　　　　　　　　实木床

 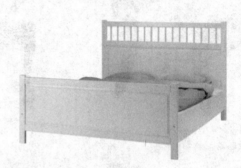

铁艺床　　　　　　　　　　　　　　防潮纤维板床

9.2.1.2　凭倚类家具

凭倚类家具是为人们在工作和生活中进行各种活动时提供相应的辅助条件，如缺少了此类家具，人们的活动会感到不便，甚至无法进行。如就餐的餐桌、学习用的写字台、售货柜台、讲台、操作台等。

凭倚类家具常用材料有实木、玻璃、镜面、金属，比如现代风格的餐桌就常有镜面与金属支架的搭配。

9.2.1.3　储藏类家具

储藏类家具是收藏、归纳日常生活用品及衣物、书籍等的家具。根据储存物品的不同，该类家具可分为柜式和架式两种不同的储存方式。柜式主要有大小文件柜、壁柜、衣柜、书柜、陈列柜、酒柜、床头柜、斗柜等；架式主要有书架、食品架、陈列架、衣帽架等。

储藏类家具常用到实木和人造板，在前面我们已经介绍过实木，这里不做具体分析，但值得一提的是实木储藏类家具最主要的要害是含水率的变化使它易变形，特别需要小心呵护，比如不能让阳光照射，不能过冷或巨热，过于干燥和潮湿的环境对实木家具都是不适宜的。如果在使用时没有注意，频繁开关空调造成温湿度变化过大，即使是合格的实木家具产品有时也会发生变形、开裂的现象。

实木书柜　　　　　　　　皮革饰面五斗柜　　　　　　　　装饰柜

家具制作的人造板主要有中纤板（中密度纤维板）、微粒板（即刨花板、蔗渣板）、胶合板（俗称夹板）等。性价比最高的是中纤板，一般用于中高档以上的板式家具，是较为通用的优质家具板材。微粒板又叫刨花板，表面粗糙、粘力强、粘贴木皮效果好，国外90%的家具制造商选用微粒板作为主要板材。胶合板通常用于制作需要弯曲变形的家具，由于刨花板材质疏松，所以一般用于中低档板式家具。

储藏类家具常见的饰面材料有天然木材饰面单板（俗称木皮）、木纹纸（俗称纸皮）、PVC胶板、防火板、漆面等。通常用于中高档以上家具，常见木皮的色彩从浅到深，有樱桃木、枫木、白榉、红榉、水曲柳、白橡、红橡、柚木、黄花梨、红花梨、胡桃木、白影木、红影木、紫檀、黑檀等几种。高级板式家具一般采用大面积贴天然木皮、实木封边、小件方条用实木的做法。贴天然木皮不仅自然美观，使用性能优良，而且木皮有一定的厚度（0.3~0.6 mm），对家具有良好的保护作用。

储藏类家具也可使用合成木皮贴面，其特点是保留了木材隔热、绝缘、调温、调湿等所有的自然特性，纹理图案有规则。

9.2.2　家具五金

家具常用的五金件有合页、轨道、滑轨、门吸、锁具、柜脚、拉手、门夹、地弹簧等。材料多以金属为主。

  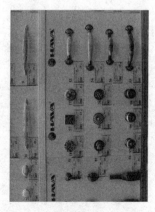

不锈钢轨道、滑车　　　　　仿古拉手　　　　　　　各式拉手

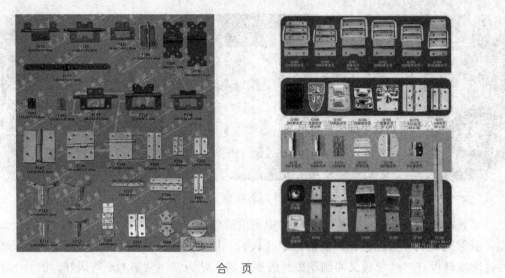
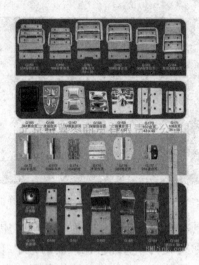

合 页

10 装配式装饰材料实训

10.1 装配式墙体材料实训

·实训目的：通过情境模拟实训，结合课堂理论知识，锻炼在实际设计中合理选择及运用装配式装饰工程中墙体装饰材料的能力，并对图纸中的装饰材料尺寸和数量有估算能力。

·实训环境：学校的装饰材料展示实训室及多媒体教室或计算机实训室，学生独立完成的方案设计图，以及记事本、绘图材料等。

·能力要求：培养学生实际合理选择建筑墙体装饰材料的能力。同时，也可以培养学生的团队协作精神和当众发言的勇气和自信。

·实训步骤：

（1）根据一个模拟装配式装饰工程根据实际施工情况，分为隔墙骨架工程、隔墙填充及墙体装饰材料工程3个项目单元。

（2）根据班上学生人数，将学生分为5人左右的一个小组，每个小组分别选择同一装饰工程的3个墙体项目单元进行装饰设计布置，重点是墙体材料的合理选用。

（3）每个小组选择一位同学作为设计方代表，展示各自的设计方案，阐述所选隔墙材料、填充材料及墙体表面装饰材料的理由及装饰效果分析。其他组的同学作为业主方可对其进行提问。

（4）教师参照骨架、基层、面层、填充材料等的合理性进行总结和点评。

10.2 装配式隐蔽工程实训

·实训目的：通过情境模拟实训，结合课堂理论知识，锻炼在实际设计中合理选择及运用隐蔽工程的项目对装饰工程产生的影响的判断能力，并对图纸中的隐蔽工程材料尺寸和数量有估算能力。

·实训环境：学校的装饰材料展示实训室及多媒体教室或计算机实训室，学生独立完成的方案设计图，以及记事本、绘图材料等。

·能力要求：培养学生在实际隐蔽工程项目中合理选择适当材料的能力。根据业主不同的需求和空间性质，结合业主的生活习惯等给予最合理的建议或意见。同时，也可以培养学生的团队协作精神和当众发言的勇气和自信。

·实训步骤：

（1）根据一个模拟装配式装饰工程中的隐蔽工程项目的实际施工情况，分为防水工程、地暖工程、空气处理工程、快速给水工程及同层排水工程五个项目单元。

（2）根据班上学生人数，将学生分为 5 人左右的一个小组，每个小组分别选择同一装饰工程的 5 个隐蔽工程项目单元进行隐蔽工程的设计，重点是防水工程和给排水工程的设计。

（3）每个小组选择一位同学作为设计方代表，展示各自的设计方案，阐述所选防水工程、地暖工程、空气处理工程、快速给水工程及同层排水工程材料的理由及施工注意事项的分析，其他组的同学作为业主方可对其进行提问。

（4）教师参照防水、给排水、地暖、空气置换系统等的合理性进行总结和点评。

10.3 装配式墙地面、顶棚装饰材料实训

·实训目的：通过情境模拟实训，结合课堂理论知识，锻炼在实际设计中合理选择及运用装配式装饰工程中墙地面、顶棚装饰材料的能力，并对图纸中的装饰材料尺寸和数量有估算能力。

·实训环境：学校的装饰材料展示实训室及多媒体教室或计算机实训室，学生独立完成的方案设计图，以及记事本、绘图材料等。

·能力要求：培养学生结合实际，参照造价，合理选择建筑空间墙地面、顶棚装饰材料的能力。同时，也可以培养学生的团队协作精神和当众发言的勇气和自信。

·实训步骤：

（1）根据一个模拟装配式装饰工程实际施工情况，分为墙地面装饰工程、顶棚装饰工程两个项目单元。

（2）根据班上学生人数，将学生分为 5 人左右的一个小组，每个小组分别选择同一装饰工程的墙地面、顶棚两个项目单元进行装饰设计布置，重点是墙地面、顶棚装饰材料的合理选用，教师可以在这一步骤中加入业主收入或者用于装修的计划资金等作为选择参考。

（3）每个小组选择一位同学作为设计方代表，展示各自的设计方案，阐述所选墙地面装饰材料、顶棚装饰材料的理由及装饰效果分析。其他组的同学作为业主方可对其进行提问。

（4）教师参照地面、墙面、顶棚装饰材料选择的合理性进行总结和点评。

10.4 装配式门窗系统实训

·实训目的：通过情境模拟实训，结合课堂理论知识，锻炼在实际设计中合理选择及运用装配式装饰工程中门、窗装饰材料的能力，并对图纸中的装饰材料尺寸和数量有估算能力。

·实训环境：学校的装饰材料展示实训室及多媒体教室或计算机实训室，学生独立完成的方案设计图，以及记事本、绘图材料等。

·能力要求：培养学生实际合理选择建筑装饰中门窗装饰材料的能力。同时，也可以培养学生的团队协作精神和当众发言的勇气和自信。

·实训步骤：

（1）将一个模拟装配式装饰工程，根据实际施工进展情况，分为门工程、窗工程两个项

目单元。

（2）根据班上学生人数，将学生分为 5 人左右的一个小组，每个小组分别选择同一装饰工程的门窗两个项目单元进行装饰设计布置，重点是门、窗装饰材料的合理选用，教师可以在这一步骤中加入业主收入或者用于装修的计划资金等作为选择参考。

（3）每个小组选择一位同学作为设计方代表，展示各自的设计方案，阐述所选门窗装饰材料、的理由及装饰效果分析。其他组的同学作为业主方可对其进行提问。

（4）教师参照门窗装饰材料选择的合理性进行总结和点评。

10.5　集成厨房系统实训

·实训目的：通过情境模拟实训，结合课堂理论知识，锻炼在实际设计中合理选择及运用装配式装饰工程中集成厨房中柜体、门板、台面等材料的能力。

·实训环境：学校的装饰材料展示实训室及多媒体教室或计算机实训室，学生独立完成的方案设计图，以及记事本、绘图材料等。

·能力要求：培养学生实际合理选择建筑装饰中集成厨房柜体、门板、台面等材料的能力。同时，也可以培养学生的团队协作精神和当众发言的勇气和自信，并对图纸中的装饰材料尺寸和数量有估算能力。

·实训步骤：

（1）根据一个模拟装配式装饰工程的实际施工进展情况，此时进展到集成厨房设计阶段。

（2）根据班上学生人数，将学生分为 5 人左右的一个小组，每个小组分别选择同一装饰工程的集成厨房设计项目单元进行装饰设计布置，重点是集成厨房中柜体、门板、台面等材料的合理选用，教师可以在这一步骤中加入业主收入或者用于装修的计划资金及样式风格使用频率等作为选择参考。

（3）每个小组选择一位同学作为设计方代表，展示各自的设计方案，阐述所选集成厨房中柜体、门板、台面等材料的理由及装饰效果分析。其他组的同学作为业主方可对其进行提问。

（4）教师参照柜体、门板、台面等材料选择的合理性进行总结和点评。

10.6　集成卫浴系统实训

·实训目的：通过情境模拟实训，结合课堂理论知识，锻炼在实际设计中合理选择及运用装配式装饰工程中集成卫浴中墙体、地面、顶棚、洁具等材料的能力。

·实训环境：学校的装饰材料展示实训室及多媒体教室或计算机实训室，学生独立完成的方案设计图，以及记事本、绘图材料等。

·能力要求：培养学生实际合理选择建筑装饰中集成卫浴中墙体、地面、顶棚、洁具等材料的能力。同时，也可以培养学生的团队协作精神和当众发言的勇气和自信。

·实训步骤：

（1）根据一个模拟装配式装饰工程的实际施工进展情况，此时进展到集成卫浴设计阶段。

（2）根据班上学生人数，将学生分为 5 人左右的一个小组，每个小组分别选择同一装饰工程的集成卫浴设计项目单元进行装饰设计布置，重点是集成卫浴中墙体、地面、顶棚、洁具等材料的合理选用，教师可以在这一步骤中加入业主收入或者用于装修的计划资金及样式风格使用频率等作为选择参考。

（3）每个小组选择一位同学作为设计方代表，展示各自的设计方案，阐述所选集成卫浴中墙体、地面、顶棚、洁具等材料的理由及装饰效果分析。其他组的同学作为业主方可对其进行提问。

（4）教师参照墙体、地面、顶棚、洁具等材料选择的合理性进行总结和点评。

注：该部分实训内容可根据实际授课计划，分阶段进行，也可作为本课程最后阶段的综合实训。

参考文献

[1] 向才旺. 建筑装饰材料[M]. 2版. 北京：中国建筑工业出版社，2009.
[2] 李明，周德来. 建筑装饰材料[M]. 上海：上海交通大学出版社，2008.
[3] 李志国. 建筑装修装饰材料[M]. 北京：机械工业出版社，2005.
[4] 胡雨霞，汤留泉. 建筑装饰创新材料应用[M]. 北京：中国电力出版社，2009.
[5] 王福川. 新型建筑材料[M]. 北京：中国建筑工业出版社，2003.
[6] 陈卫华. 建筑装饰构造[M]. 北京：中国建筑工业出版社，2008.
[7] 张长江，陈晓蔓. 材料与构造：上（室内部分）[M]. 北京：中国建筑工业出版社，2006.
[8] 王勇. 家装材料完全使用手册[M]. 北京：机械工业出版社，2008.
[9] 闻荣土. 建筑装饰装修材料与应用[M]. 北京：机械工业出版社，2007.
[10] 张勇一. 建筑装饰材料[M]. 成都：西南交通大学出版社，2010.
[11] 文林峰. 大力推广装配式建筑必读——制度·政策·国内外发展[M]. 北京：中国建筑工业出版社，2016.
[12] 文林峰. 大力推广装配式建筑必读——技术·标准·成本与效益[M]. 北京：中国建筑工业出版社，2016.